山东 二类农作物病虫害监测防控技术手册

山东省农业技术推广中心 编

中国农业出版社
北 京

编委会

主　任　杨武杰

副主任　王桂峰　王新海

主　编　王同伟　杨万海

副主编　朱军生　关秀敏　商明清

编　者　（按姓氏笔画排序）

于玲雅　于晓庆　马成立　王　丹　王同伟

王朝霞　王增君　牛雯雯　公　义　尹士方

尹姗姗　石朝鹏　田延平　田忠正　田海月

朱军生　刘　勇　刘元宝　刘英智　刘宝传

闫志国　关秀敏　许　骞　许燕玲　孙作文

李佩玲　李敏敏　杨万海　杨勤民　肖云丽

时玉娟　迟金强　张红梅　张晓林　张德满

金扬秀　周丽萍　孟璐璐　郝　伟　柳婷婷

袁子川　高一凤　唐文颖　黄　渭　曹　增

常慧红　商明清　韩　腾　谢传峰　谢秀华

Foreword 前言

根据《农作物病虫害防治条例》（中华人民共和国国务院令 第725号，2020年5月1日实施）规定，一类农作物病虫害名录由国务院农业农村主管部门制定、公布，二类农作物病虫害名录由省、自治区、直辖市人民政府农业农村主管部门制定、公布，并报国务院农业农村主管部门备案。2020年9月15日，农业农村部公布了《一类农作物病虫害名录》，2023年3月7日公布了修订的《一类农作物病虫害名录》（中华人民共和国农业农村部公告 第654号）。2021年2月17日，山东省农业农村厅公布了《山东省二类农作物病虫害名录》，为适应《一类农作物病虫害名录》修订，结合山东省病虫害发生情况特点，2023年4月26日，山东省农业农村厅公布了修订的《山东省二类农作物病虫害名录》（鲁农技字〔2023〕13号），将小麦白粉病等16种（类）病虫草害确定为二类农作物病虫害。这些病虫害在山东省农作物，特别是粮食作物上发生普遍，发生面积大，为害程度重，防控不力容易造成重大损失，是山东省重点防控对象，持续有效控制其为害是保障粮食安全、提升农产品质量的重要举措。

随着我国农业农村发展，农村人员结构变化，农业产业结构优化，以及人民对农产品的质量要求越来越高，绿色高质高效成为新时代发展的主要特征，对农业病虫害防控技术也提出了更高的要求。同时，由于气候、种植结构、耕作模式、经营方式等变化，农作物病虫害发生规律和为害特点表现出不同程度的新变化，防灾减灾难度加大，植保技术人员和农业生产从业人员迫切需要了解掌握病虫害发生为害新特点和绿色高效防控新技术，以便更精准高效、绿色安全地实施病虫害可持续防控。为此，山东省农业技术推广中心组织相关人员，编写了本手册。本手册针对16种（类）山东省二类农作物病虫害的症状及形态特征、发生规律、防治技术、防治效果评价方法等内容进行了较为系统的介绍，可作为广大植保技术人员和农业生产从业者开展山东省二类农作物病虫害识别诊断、防控和防效评价等工作的参考用书，同时携带方便，利于在田间地头随时翻阅。

由于编者知识水平有限，书中难免出现疏漏和偏颇之处，恳请读者批评指正。

编　者

2023年9月

Contents 目录

麦蜘蛛

一、分布与为害

麦蜘蛛主要包括麦圆蜘蛛[*Penthaleus major*（Duges）]和麦长腿蜘蛛[*Petrobia latens*（Müller）]。麦圆蜘蛛属蛛形纲蜱螨目叶爪螨科，主要分布于北纬37°以南，如山东、山西、陕西、河南、安徽、江苏、湖北、浙江、江西、四川等地。麦长腿蜘蛛属蛛形纲蜱螨目叶螨科，主要分布在河北、山西、山东、河南、安徽、陕西、甘肃、内蒙古、青海、西藏等地。

麦蜘蛛主要为害小麦，还可为害大麦、燕麦、豌豆等多种作物和杂草，春、秋两季均能为害，以春季为重。刺吸麦叶汁液，麦叶受害后先出现白斑，继而变黄，受害轻时，麦株矮小，麦穗少而小，受害严重时不能抽穗，麦株干枯而死。

麦圆蜘蛛田间为害状

二、形态特征

1.麦圆蜘蛛

(1) 成虫：雌虫黑褐色，卵圆形，体长0.6 ~ 0.98mm，体宽0.43 ~ 0.65mm，疏生白色毛。体背有横刻纹8条，在第二对足基部背面左右两侧，各有1个圆形小眼点。体背后部有隆起的肛门。足4对，第一对最长，第四对次之，第二、三对等长。足和肛门周围红色。

麦圆蜘蛛形态特征

(2) 卵：椭圆形，长约0.2mm，宽0.1 ~ 0.14mm。初产暗红色，后变淡红色，上有五角形网纹。

(3) 幼螨和若螨：初孵幼螨足3对，等长。体躯、口器和足均为红褐色，取食后变为暗绿色。幼螨蜕皮后进入若螨期，足增为4对，体色、体形与成虫大致相似。末龄若螨体长0.51mm，深红色，足长并向下弯曲。

2.麦长腿蜘蛛

(1) 成虫：雌虫黑褐色，葫芦状，体长0.6mm，体宽0.45mm。体背有不太明显的指纹状斑，背刚毛短，共13对，纺锤形。足4对，红或橙黄色，均细长，第一对足特别发达，长度超过第二、三对的两倍，中垫爪状，具2列黏毛。气门器端部囊形，多室。

(2) 卵：有两型，形状不同。越夏卵（滞育卵）呈圆柱形，橙红色，直径0.18mm，卵壳表面覆白色蜡质，顶部盖有白色蜡质物，形似草帽状，顶端有放射状条纹。非越夏卵呈球形，红色，直径约0.15mm，表面有纵列隆起的数十条条纹。

麦长腿蜘蛛形态特征

（3）幼螨和若螨：幼螨体圆形，长、宽约0.15mm，足3对，初孵时为鲜红色，取食后变为黑褐色。若螨足4对，体较长。

三、发生规律

1.麦圆蜘蛛　在山东省1年发生2 ~ 3代，以成螨、卵和若螨在麦根土缝、杂草或枯叶上越冬，以成螨为主。耐寒力强，冬季遇温暖晴朗天气，仍可爬至麦叶上为害。早春2—3月间，当气温达4.8℃时，越冬卵开始孵化，3月下旬至4月上旬即冬小麦拔节期虫口密度最大，也是为害最严重时期。4月中下旬密度减退，5月已无成螨存在，完成第一代。以卵在麦茬或土块上越夏。10月卵孵化，为害秋播麦苗，11月中旬田间密度最大，出现成螨（即第二代），并产卵，孵化变为成螨后，部分产越冬卵越冬，另一部分成螨直接越冬，此即第三代（越冬代）。一部分越夏卵由于孵化过迟，变为成螨后立即越冬或产少数卵以卵越冬，这一部分每年只发生两代。据春季饲养观察，麦圆蜘蛛若螨期14 ~ 15d，成螨产卵前期3 ~ 6d，成螨寿命25 ~ 74d，完成1代需46 ~ 80d，平均57.8d。

麦圆蜘蛛营孤雌生殖，每头雌成螨平均产卵20余粒。多在夜间产卵，产卵期平均21d。卵期20 ~ 90d，越夏卵卵期4 ~ 5个月。产卵较集中。春季多产于麦株分蘖丛或土块上，秋季多产于麦苗和杂草近根部土块上，或产在干叶及须根上。卵多聚成堆，排列成串，最多80余粒。成、若螨有群集性和假死性，喜阴湿，怕强光，早春气温较低时可集结成团，爬行敏捷，遇惊动即纷纷坠地或很快向下爬行。活动为害时间一般为6—8时和18—22时。气温低于8℃则很少活动，大雨或大风时，多蛰伏于土面或麦丛下部。麦圆蜘蛛爬行力强，每分钟可爬10cm左右。生育适温8 ~ 15℃，气温超过20℃以上大量死亡，相对湿度在70%以上，表土含水量在20%左右，最适其繁殖为害。

2.麦长腿蜘蛛　在黄淮海地区1年发生3 ~ 4代，以成螨和卵在麦田越冬。冬季11—12月间遇温暖天气，越冬成螨仍可出来活动，翌年2—3月气温回升，成螨开始繁殖活动，越冬卵陆续孵化，3月末至4月上中旬，完成一代。二代发生在4月下旬至5月上中旬，三代发生在5月中下旬至6月上旬。三代成螨产滞育卵越夏。10月上中旬至11月上旬，越夏卵陆续孵化，为害秋播麦苗，发育快的成螨便产卵越冬，大部分发育为成螨后直接越冬，此为第四代。部分越夏卵也能直接越冬，这部分群体1年发生3代，故田间表现出年发生3 ~ 4代重叠现象。春季一般4—5月虫口密度最大。

麦长腿蜘蛛主要是孤雌生殖。卵产于麦田内的硬物上，如硬土块、小石块、干粪块、秸秆、干叶等。当以上硬物缺乏或气候潮湿不适产卵时，有长距离爬行寻找产卵场所或登高上树产卵的习性。柿、柏、杨、桐等树皮上均能产卵。非滞育卵卵期短，5月上旬卵期平均6d，10月卵期20 ~ 30d，滞育卵越夏期50 ~ 180d，部分滞育期可达两年以上。幼、若螨共3龄。幼、若螨期长短因温、湿度影响而异。3月孵化卵历期约20d；5月孵化卵为8 ~ 11d。完成1代需24 ~ 46d，平均32.1d。成、若螨有群集性和假死性，遇惊动即坠入土缝躲藏。活动时间与麦圆蜘蛛不同。一般8—18时都在麦株上活动为害，以15—16时数量最大，直至20时后下降潜伏。在冬季无风的晴天，仍可见少数成螨在麦叶上活动。对湿度敏感，遇露水较大或降小雨，即躲于麦丛或土缝内。麦长腿蜘蛛最适宜繁殖的气温为15 ~ 20℃，平均气温在20℃以上时，成虫产卵后死亡。此虫喜干旱，故春季缺雨、气候干燥，常猖獗发生。向阳高地、丘陵、山区和干旱平原也是多发地区。

四、防治技术

1.农业防治　破坏麦蜘蛛的发生条件，主要措施有深耕、除草、增施肥料、轮作，以及冬、春合理进行麦田灌溉。

2.化学防治

（1）种子处理：常年重发地块，小麦播种前可用含有辛硫磷的种衣剂或种子处理剂进行包衣或拌种，对麦蜘蛛有明显控制效果。

（2）药剂喷雾：当小麦平均每33cm行长麦蜘蛛达200头以上时，可选用阿维菌素、联苯菊酯等药剂进行防治。

五、调查方法

1.系统调查　小麦返青后至抽穗期止，每5d调查1次。调查当天在8—10时或16—18时进行。调查地块选择当地往年发生严重、具有代表性的不同生态环境麦田2 ~ 3块，每块田面积不少于2亩*，固定为系统观测田。每块田单对角线5点取样，每点查33.3cm单行长，返青期用目测计数，拔节后将33.3cm × 17cm有框固定的白瓷盘或白纸或白塑料布铺在取样点

* 亩为非法定计量单位，15亩 = 1hm²。——编者注

的麦株根际，将麦苗轻轻压弯拍打，然后计数，可重复数次。调查麦蜘蛛种类及其数量。

2. 大田普查　普查时间根据当地实际发生情况，分别于秋苗期、返青期、拔节期、孕穗期普查4次。每年普查时间应大致相同。普查地块选择当地代表性强的不同生态类型麦田10块以上。普查方法同系统调查。

六、防治效果评价方法

调查采用5点取样法，施药前调查基数，施药后1、3、7、14d各调查一次每尺*单行螨量。统计虫口减退率，计算防治效果。

$$虫口减退率=\frac{施药前虫口数-施药后虫口数}{施药前虫口数}\times 100\%$$

$$防治效果=\frac{处理区虫口减退率-空白区虫口减退率}{1-空白区虫口减退率}\times 100\%$$

* 尺为非法定计量单位，1尺＝33.3cm。——编者注

棉铃虫

一、分布与为害

棉铃虫（*Helicoverpa armigera* Hübner）又名钻心虫等，属鳞翅目夜蛾科。山东各地均有分布。棉铃虫是一种典型的杂食性害虫，寄主植物达20多科200余种，常为害作物有小麦、玉米、棉花、大豆、花生、烟草、苹果、梨、桃、葡萄、番茄、辣椒、茄子等。玉米苗期，幼虫取食嫩叶，呈现边缘不整齐的孔洞或缺刻状，严重时，叶片被取食只剩主脉和叶柄，有时咬断心叶，造成枯心；玉米抽穗后，主要取食花丝、幼嫩的籽粒和穗轴等，穗轴内被啃食出一条深沟或被蛀空，在受害部位周围常见大量粒状粪便，该部位易产生霉变。棉花花铃期，幼虫钻蛀蕾铃为害，被害蕾蛀孔较大，虫粪排出蕾外，蕾苞叶张开，

棉铃虫田间为害状
1.为害玉米植株　2.为害玉米雌穗

变为黄绿色而脱落；幼虫从棉花子房基部蛀入，被害花往往不能结铃；从棉铃基部蛀入为害棉铃，取食一至数室，虫体大半露在铃外，虫粪也排出铃外；幼虫常转移为害，被取食的青铃往往仅留铃壳，或引起其他各室腐烂或造成僵瓣。

二、形态特征

（1）成虫：体长15～20mm，翅展27～38mm，灰褐色。前翅具褐色环纹及肾形纹，肾形纹前方的前缘脉上有两条褐纹，肾形纹外侧为褐色宽横带，端区各脉间有黑点，后翅黄白色或淡褐色，沿外缘有黑褐色宽带，宽带中央有2个相连的白斑。

（2）卵：散产，半球形，直径约0.5mm，顶部微隆起，具纵横网格，初产黄白色或翠绿色，近孵化时变为红褐色或紫褐色。一头雌蛾一生可产卵500～1 000粒，最高可达2 700粒。

（3）幼虫：多为6个龄期。老熟幼虫体长30～42mm，腹足趾沟为双序中带，两根前胸侧毛连线与前胸气门下端相切或相交，体表布满小刺。其体色因食物或环境不同变化很大，淡绿色、淡红色或黑褐色。各节均有毛片12个。

（4）蛹：纺锤形，体长17～20mm，黄褐色，腹部第五节背面和腹面有7～8排半圆形刻点，尾端有臀棘2枚。

1

2

棉铃虫形态特征

1.成虫　2.卵　3.幼虫　4.蛹

三、发生规律

我国由北向南1年可发生3～7代，山东省大部分地区1年发生4代。一般4月中下旬始见成虫，一代幼虫为害盛期为5月中下旬，5月末大量入土化蛹。一代成虫始见于6月上旬末至6月中旬初，盛发于6月中下旬。二代幼虫为害盛期为6月下旬至7月上旬，主要为害棉花、花生。二代成虫始见于7月上旬末至中旬，盛发于7月中下旬。三代幼虫主要为害棉花、玉米等，始见于8月上中旬，发生期延续的时间长。四代幼虫继续为害，以蛹在寄主植物根际附近土中越冬。当气温上升至15℃以上时，越冬蛹开始羽化。成虫具有趋光性和趋化性，对新枯萎的杨树枝叶有很强的趋性。成虫飞翔力较强，昼伏夜出，白天躲藏在隐蔽处，黄昏开始活动，在开花植物间飞翔取食花蜜，交尾产卵，产卵部位随寄主种类不同而异。成虫羽化后当晚即可交配，2～3d后开始产卵，卵散产，喜产于生长茂密、花蕾多的棉花上，产卵部位一般选择嫩尖、嫩叶等幼嫩部位。幼虫常转移为害。

四、防治技术

1.农业防治　种植转*Bt*基因抗虫棉，冬季进行深翻冬灌，杀死越冬蛹，减少虫源。麦收后及时中耕灭茬，消灭部分一代蛹，降低成虫羽化率。棉田结合整枝及打顶，摘除边心和无效花蕾，携带至田外集中处理。

2.生物防治　主要天敌有赤眼蜂、齿唇姬蜂、甘蓝夜蛾拟瘦姬蜂、中红侧沟茧蜂、寄生蝇等，可在棉铃虫产卵始期释放赤眼蜂等卵寄生天敌，卵孵化高峰期释放齿唇姬蜂、中红侧沟茧蜂等幼虫寄生天敌，间隔5～7d，连续释放2～3次，防效较好。

3.物理防治　成虫具有明显的趋光性和趋化性，可利用黑光灯、频振式杀虫灯进行诱杀，有条件的地区，可在棉田内插萎蔫的杨树枝把诱杀成虫。成虫发生盛期，采取性诱剂、食诱剂等理化诱控措施，诱杀成虫，干扰交配，减少田间落卵量，压低发生基数，减轻为害损失。

4.化学防治　棉铃虫卵期和初孵幼虫高峰期可喷施0.5%甲氨基阿维菌素苯甲酸盐微乳剂1 000～1 500倍液，或每亩喷施15%茚虫威悬浮剂10～12mL、20%氯虫苯甲酰胺悬浮剂8～15mL、25%乙基多杀菌素水分散粒剂8～12g等。注意交替轮换用药，施药后遇雨及时补喷。

五、调查方法

棉铃虫调查分为冬前越冬蛹调查、春季越冬蛹存活率调查、成虫诱测、系统调查和大田普查。

1.冬前越冬蛹调查　10月下旬至11月上旬，选取玉米、棉花等当地最末一代棉铃虫主要寄主作物田。采用对角线5点取样法，各类作物累计取样面积不小于20m²，兼顾地边和田间。用泥刀或小铲子将2～3cm深的表层土铲向一侧，观察土表面是否有铅笔粗的圆形蛹道，发现蛹道，则沿蛹道继续向下挖，可见棉铃虫蛹（最深约15cm），记载蛹数，判断是否滞育并记数，分别折算成每亩蛹量。

2.春季越冬蛹存活率调查 3月中下旬调查，调查类型田、取样方法同冬前越冬蛹调查，分别记载蛹数、活蛹数和死蛹数，计算蛹死亡率。

3.成虫诱测 分为灯光诱测、杨树枝把诱测和性诱剂诱测。每年4—10月，在常年适于成虫发生场所，安置1台多功能自动虫情测报灯（或20W黑光灯），灯具周围100m范围内无高大建筑物和树木遮挡，且远离路灯等强照明光源，灯管下端与地表面垂直距离1.5m，每年更换一次灯管。每日检查记载雌蛾、雄蛾数量。

4.系统调查

（1）卵调查：根据成虫常年发生时间和当年诱测结果，在成虫发生盛期调查。每3d调查一次，上午调查。选择蔬菜田、花生田等低矮作物周围长势好的玉米田，面积不小于2 000m²。田块按5点取样，每点固定调查20株。苗期至心叶末期，主要调查叶片正面，卵量相对较少茎秆叶鞘可酌情调查；抽雄吐丝期，主要调查雄穗、新鲜的雌穗花丝，卵量相对较少的叶片正面和叶鞘部位可酌情调查；抽雄吐丝后，主要调查雌穗花丝。

（2）幼虫调查：各代卵始盛期开始调查，至大部分幼虫进入五龄、六龄止。每5d调查一次，在卵系统调查田块进行。每块田5点取样，每点固定10株，调查各龄期虫量。玉米苗期或大喇叭口期，调查心叶；抽雄吐丝期至籽粒灌浆期，调查玉米雌穗顶端幼嫩籽粒和花丝部位。

5.大田普查

（1）卵普查：根据系统调查结果，在卵高峰期或成虫高峰期后2d进行。在玉米种植面积较大区域，重点选择一、二类田，普查10块以上。每块田取5点，每点取5株，各生育期调查部位同系统调查。

（2）幼虫普查：根据系统调查结果，在幼虫四至五龄高峰期进行。在玉米种植面积较大区域，选择玉米、棉花、花生、大豆、高粱和蔬菜田各2～3块，共普查10块以上。每块田取5点，每点取5株，各生育期调查部位同系统调查。

六、防治效果评价方法

采用虫口减退率评价防治效果，根据防治前、防治后的棉铃虫幼虫活虫量，计算虫口减退率。

$$\text{虫口减退率}=\frac{\text{防治前活虫数量}-\text{防治后活虫数量}}{\text{防治前活虫数量}}\times 100\%$$

$$\text{防治效果}=\frac{\text{处理区虫口减退率}-\text{对照区虫口减退率}}{1-\text{对照区虫口减退率}}\times 100\%$$

甜菜夜蛾

一、分布与为害

甜菜夜蛾［*Spodoptera exigua*（Hübner）］又名贪夜蛾、玉米叶夜蛾，属鳞翅目夜蛾科，是一种分布较广的杂食性害虫。据不完全统计，其适宜取食与产卵寄主涉及35科105属138种

甜菜夜蛾田间为害状

1.为害大豆植株　2.为害玉米植株

植物，其中我国记载有70余种。山东各地区均有分布，以为害玉米、花生、马铃薯、大葱、番茄、辣椒及十字花科蔬菜等为主。甜菜夜蛾主要取食植物叶片，将叶片咬成孔洞或缺刻，严重时可将植物叶片吃光，仅剩下叶脉、叶柄，极大影响作物产量。

二、形态特征

（1）成虫：体长11～13mm，翅展26～30mm，头、胸、腹及前翅呈灰褐色，头、胸有黑点。前翅基线前段可见双黑纹，内横线、亚外缘线均为灰白色，中央近前缘外方有黄褐色肾状纹1个，内方有环形纹1个。后翅灰白色，翅缘灰褐色。雌蛾腹部圆锥形，交尾孔外露可见；雄蛾腹部尖，末节有1对抱握器。

（2）卵：圆馒头形，直径0.2～0.3mm，单层或双层重叠卵块，卵块上有灰白色绒毛覆盖，多产在植物叶片背面和叶柄处。初产时为浅绿色，接近孵化时为浅灰色并有1个小黑点。

（3）幼虫：常为5龄。老熟幼虫体长25～30mm，体色变化大，有绿、黄褐、黑褐等多种颜色，常因寄主种类和温度不同而多变。腹部气门下线为明显黄白色纵带，有时带粉红色，末端直达腹末。一至二龄幼虫的气门下线不明显，三龄后幼虫气门下线宽纵带明显。各节气门后上方具1个白点，绿色型幼虫尤为明显。

（4）蛹：黄褐色，体长8～12mm。中胸气门深褐色，位于前胸后缘，显著外突，腹部第三至七节背面和第五至七节腹面有粗刻点；臀刺2根，基部分开。雌蛹有两个V形隐线汇聚于腹末节最前端，两个V形以短线相连；雄蛹腹末节1/2处、肛门正前方有两个小突起。

甜菜夜蛾形态特征
1.成虫　2.卵　3.幼虫　4.蛹

三、发生规律

甜菜夜蛾在山东一般1年发生4代，南部气温偏高地区，有不完全的5代发生。一代发生轻（个别大发生年份也会造成一定危害），二、三、四代为主要为害期。一代幼虫盛期在5月底至6月，主要为害春大豆、玉米、花生、大葱等；二代幼虫盛期在7月上旬至7月底，主要为害大豆、花生、辣椒、棉花、夏玉米等；三代幼虫盛期在8月上旬至8月下旬，主要为害大豆、花生、辣椒、大葱、棉花等；四代幼虫期较长，在8月下旬至10月中旬，主要为害花生、辣椒、芹菜、萝卜、白菜等；南部地区不完全5代幼虫发生在9月下旬至10月下旬，对部分秋季蔬菜造成危害。甜菜夜蛾各世代重叠现象严重，各虫态发育极不整齐。幼虫刚孵化时会取食卵壳，3 ~ 5h后陆续爬出、结网、啃食叶片表皮，致使叶片上表皮出现网状半透明窗斑。三龄后分散为害，叶片形成孔洞、缺刻。四至五龄进入暴食期，尤其到五龄时食量最大，3 ~ 4d取食量占整个幼虫期的80% ~ 90%。

甜菜夜蛾原产于亚洲南部，是一种热带或亚热带昆虫，对高温有较强的适应能力。一般将1月 -4℃等温线左右作为甜菜夜蛾在我国的越冬北界，1月12℃等温线以南为常年为害区，即1月 -4℃ ~ 12℃等温线之间为可能越冬区，山东全境均为甜菜夜蛾越冬区。随着纬度的升高，甜菜夜蛾的越冬能力逐渐降低，越冬死亡率逐渐增加，越冬代虫源基数逐渐减少。随着耕作制度的改变，特别是保护地蔬菜种植面积扩大，也为甜菜夜蛾提供了安全的越冬场所。

四、防治技术

1.农业防治　作物采收后及时对田间进行清理，将带有虫卵的残叶收集后进行深埋或焚烧处理。采取机械化深耕作业方式，以消灭落叶和浅土层里的幼虫和蛹。对田间及周围杂草等产卵场所也要及时清除。

2.物理防治　成虫盛期可在田间安置性诱剂、杀虫灯等设备，或喷洒食诱剂，对其进行诱杀。

3.生物防治　保护利用天敌，包括蛙类、鸟类、蝽类、蜘蛛、草蛉、步甲等捕食性天敌，及茧蜂、赤眼蜂等寄生性天敌。成虫高峰期可释放赤眼蜂等天敌寄生卵块，以减少幼虫虫口数量。根据实际情况选择使用生物农药，包括病毒制剂、苏云金杆菌类、植物源农药、性诱剂类等。防治蛹、幼虫可用绿僵菌等生防菌剂进行防治，要注意保持田间湿度。

4.化学防治　卵孵化盛期至三龄幼虫前开展防治。此时幼虫小，抗性差，群集为害，容易着药，防治效果好。幼虫有喜阴畏强光习性，防治宜在8时前或18时后进行，尽量避开中午高温时段施药。甜菜夜蛾防治指标相对比较宽泛，此处提供几种作物的防治指标作为参考。

甜菜夜蛾发生程度分级标准（头/百株）

作物	1级	2级	3级	4级	5级
大豆	≤120	121～140	141～160	161～180	>180
白菜	≤150	151～170	171～190	191～210	>210
芹菜	≤40	41～50	51～60	61～70	>70
大葱	≤60	61～80	81～100	101～120	>120

注：其他作物或其他发生代次参考以上分级标准。

甜菜夜蛾幼虫具有假死性，为防止幼虫受到振扰坠落，应采取前进式施药方法；要根据虫龄的大小适当调整用药量；不同品种农药宜交替使用，以延缓抗药性的产生。也可在药液中加入一定的增效剂，增加黏着性和展着力，药效好、持效期长；卵孵盛期或低龄幼虫期，每亩喷施10%虫螨腈·氯虫苯甲酰胺悬浮剂26～32mL、15%茚虫威悬浮剂15～20mL或5%虱螨脲乳油30～40mL等。

五、调查方法

1.成虫诱测及雌蛾卵巢发育进度调查　在常年适于成虫发生的场所，采用多功能自动虫情测报灯（<20W黑光灯）诱蛾，设置在视野开阔处，要求其四周没有高大建筑物和树木遮挡。虫情测报灯（或黑光灯）的灯管下端与地表面垂直距离为1.5m。也可在开阔且易受害作物田中设置性诱捕器诱捕成虫，性诱捕器间距不小于50m，放置高度宜超过作物20cm，或悬挂在1m高

的竹竿上。逐日记录蛾量，每日检查灯下成虫数量、性比。在成虫发生盛期内，隔日解剖检查1次雌蛾卵巢发育进度，每次抽查20头，诱集量不足20头时，应全部检查，卵巢发育进度采用5级分级法。

2.卵量与幼虫调查　见成虫后，选择连片种植、当地种植面积较大的甜菜夜蛾寄主田2块，作为定点调查田。每块田采用Z形5点取样。苗期每点10株，全株调查；成株期每点5株，调查外部2层至4层叶片5片，将查到的卵块用记号笔标记，供下次查卵时区别，同时调查幼虫数量和有卵株数，计算有卵株数、百株卵块数、卵孵化率、百株虫量，每5d调查1次。

六、防治效果评价方法

施药前调查虫口基数，施药后1、3、7d各调查1次，每小区5点取样，每点取1m^2。密植作物于单行作物间铺白布，每行1m长，逐行拍打作物使甜菜夜蛾幼虫振落于布面上，记录布面上及散落在地面上的活虫数；稀植作物直接计数作物上及调查点内的活虫数，计算防治效果。

$$虫口减退率=\frac{施药前虫口数-施药后虫口数}{施药前虫口数}\times 100\%$$

$$防治效果=\frac{处理区虫口减退率-空白区虫口减退率}{1-空白区虫口减退率}\times 100\%$$

$$或防治效果=\frac{1-空白区施药前虫口数\times 处理区施药后虫口数}{空白区施药后虫口数\times 处理区施药前虫口数}\times 100\%$$

绿盲蝽

一、分布与为害

绿盲蝽［*Apolygus lucorum*（Meyer-Dür）］属半翅目盲蝽科后丽盲蝽属，又名花叶虫、小臭虫、棉青盲蝽、青色盲蝽、破叶疯等。绿盲蝽在我国分布广泛，除海南、西藏以外，北起黑龙江，南迄广东、广西，西至新疆、青海、四川、云南、贵州，东达沿海各省均有分布。绿盲蝽是一种多食性害虫，寄主种类多达38科150余种。由于抗虫棉的广泛使用及栽培结构的调整，绿盲蝽从棉田次要害虫逐渐成为主要害虫，并已成为枣、苹果、桃、梨、樱桃、葡萄、花生、十字花科蔬菜等农作物上的重要害虫，尤其在枣树上为害较为严重。

绿盲蝽以刺吸方式取食植物细胞的原生质体，使用口针刺破细胞，同时分泌大量唾液，让将要进食的细胞结构变成泥浆状。绿盲蝽的成、若虫刺吸幼芽、嫩叶、花蕾、幼果等部位，被为害部位细胞坏死或畸形生长。棉花幼嫩部位被刺吸后，会出现呈黑点状的伤口，影响其后的正常生长。随着芽的成长成熟，受害处也会随之扩展成不规则破洞，俗称“破头疯”。若棉花的生长点在其子叶期受害，则不再长新芽，仅为2片肥厚的子叶，称为“公棉花”。幼叶受害会使得叶展开为破叶，称为“破叶疯”。幼蕾受害会变为黑色，似荞麦粒，2 ~ 3d后脱落；中型蕾受害会使得苞叶张开为“张口蕾”，不久后脱落。果树花瓣受害，出现褐色的针刺状小点，造成开花不齐，影响坐果。幼果受害，以刺吸点为中心，形成褐色斑点，受害处果肉停止发育，木栓化，严重时果实畸形。

绿盲蝽田间为害状

二、形态特征

（1）成虫：体长4.5 ~ 5.5mm，体宽2.0 ~ 2.5mm，绿色，密被短毛。头宽短，复眼黑褐色突出，无单眼。触角丝状，4节，约为体长的2/3，第二节长等于第三、四节之和，基部2节黄绿色，端部2节黑褐色。喙4节，端节黑色，末端达后足基节端部。前胸背板深绿色，密布刻点，前缘宽。小盾片三角形，微突，黄绿色，中央具一浅纵纹。前翅基部革质，绿色，端部膜质，半透明，灰色。胸足3对，黄绿色，后足腿节末端具褐色环斑，雌虫后足腿节较雄虫短，未超腹部末端，跗节3节，末端黑色。爪二叉，黑色。

（2）卵：长1mm左右，宽0.3mm，黄绿色，长口袋形，中央凹陷，两端突起，顶部有奶黄色卵盖，边缘无附属物。

（3）若虫：若虫5龄，体形与成虫相似。初孵时绿色，复眼桃红色。二龄黄褐色，三龄出现翅芽，四龄翅芽超过第一腹节。二、三、四龄触角端和足端黑褐色，五龄后全体鲜绿色，密被黑细毛，触角淡黄色，端部色渐深，眼灰色。翅蚜尖端深蓝色，达腹部第四节。

绿盲蝽形态特征

1.成虫　2.若虫　3.卵（越冬）

三、发生规律

绿盲蝽在我国自北向南每年可发生3～7代，山东1年发生5代。越冬卵多产于果树、苜蓿等寄主植物残桩、鳞芽内，少量卵产于枯枝、落叶、杂草上。4月中下旬越冬卵开始孵化，4月下旬至5月上旬为孵化高峰期，期间雨后是卵孵化的高峰时段。越冬卵孵化期20d左右。绿盲蝽越冬代虫态（第一代）整齐，后期世代重叠，第一代为主害代；第二代成虫于6月中下旬达到高峰，开始向棉田迁移；第三代成虫多集中在7月下旬至8月上旬羽化，第四代成虫于9月初羽化。此后，随着棉花植株的成熟与老化，大部分成虫转移到苜蓿和葎草等寄主上产卵繁殖。第五代成虫在9月下旬至10月上旬迁至越冬寄主（枣树、苜蓿等）上产卵越冬，整个产卵期40d左右。在棉花残株上绿盲蝽不能越冬。

绿盲蝽成虫、若虫均比较活泼，飞翔能力强，有趋光性、隐蔽性和趋向蕾花期植物产卵的习性。成虫活动主要集中在傍晚至凌晨时分，日间怕阳光照射，停栖在叶背，喜在较湿阴处活动取食。绿盲蝽产卵主要在夜间进行，并将卵产于嫩叶、茎、叶柄、叶脉、嫩蕾组织内，产卵方式是聚产，排列呈"一"字形。绿盲蝽若虫的绿色与植物幼嫩组织的颜色相近，植株受害初期呈黄绿色、红褐色或黑褐色的坏死点，易被人误认为是病害，从而贻误了最佳防治时期。绿盲蝽成虫对不同寄主植物具有明显的选择偏好，明显嗜好绿豆、蚕豆、艾蒿、芫荽、茼蒿、蓖麻、凤仙花、葎草、野艾蒿、黄花蒿等寄主植物。绿盲蝽成虫喜食花蜜，并对植物花中的挥发性物质有特殊的趋性。如凤仙花开花前绿盲蝽成虫很少发生，进入花期后成虫数量剧增。花期的蓖麻、大麻、蚕豆、猪毛蒿和野艾蒿等很多植物常吸引绿盲蝽成虫大量聚集。这一特点直接决定了绿盲蝽的季节性寄主转移规律。

四、防治技术

绿盲蝽成虫具有较强的飞行能力，可在作物及地块间转移为害，防治难度大，因此对其防治应抓住关键防治期，防早防小，统防统治。

1.农业防治　加强栽培管理，调整作物布局，在早春及时清除地边、果园、沟内的枯枝落叶、杂草，可降低越冬基数和田间种群数量。果园、枣园周边应尽量避免种植棉花、大豆、向日葵、白菜等作物，以减少绿盲蝽的适宜转移寄主，降低夏季繁殖量及秋季返回果园、枣园产卵的成虫量。可在主要生产田附近种植其他作物吸引绿盲蝽，减少其对目的作物的为害，如在果园连年种植鼠茅草，地面有充足食料，绿盲蝽会留在地下继续取食，不会上树；在枣园周边种植向日葵、玉米，可诱集绿盲蝽成虫，及时喷洒农药进行防治；在棉田周边种植3～5m宽的绿豆，集中诱杀绿盲蝽。

2.物理防治　利用绿盲蝽季节性转移的规律对成虫进行有效防治。6月中下旬成虫大量迁出果园和9月中下旬迁回果园产卵越冬时，田间悬挂性诱剂诱捕器，诱杀绿盲蝽成虫，减少迁出和迁入的有效虫源。在果树萌芽前，在树干中下部绑扎诱虫带阻止地面孵化的绿盲蝽若虫上树。

3.生物防治　保护和利用天敌。绿盲蝽的天敌有龟纹瓢虫、异色瓢虫、中华草蛉、寄生蜂、蜘蛛、猎蝽、螳螂等。在绿盲蝽发生初期，可选择放置异色瓢虫卵卡，或喷施苦皮藤素等植物源农药。

4.化学防治　化学药剂防治绿盲蝽应注意药剂轮换使用，保证防治效果，减缓抗药性的产生。要抓好虫源寄主田的防治，早春越冬卵孵化前，用化学药剂处理越冬虫源集中为害的绿肥、胡萝卜、甘蓝、白菜留种田及杂草丛生地块，以减少越冬虫源。

具体药剂可选氟啶虫胺腈、阿维·啶虫脒、氟啶虫·阿维、烯啶虫胺、氯氟·噻虫啉、噻虫胺等，使用时需根据药剂使用说明施用。

5.统防统治　绿盲蝽成虫飞行能力强，单一地块的防治很难降低绿盲蝽区域内的种群数量。因此有条件的地区，防治时应统一时间统一行动，大面积联合防治，不留空白。施药时间注意在上午9时以前或下午5时以后。在喷药方法上要以棉尖和果枝尖为重点，从外围向中心喷。一定要对周边或沟渠地块的棉花、杂草以及树木普遍施药。

五、调查方法

绿盲蝽调查主要以若虫和成虫为主，田间调查以棉田为例进行介绍。

1.系统调查　根据绿盲蝽的越冬习性，选择棉田附近的苜蓿、苕子、聚合草、播娘蒿、马唐、蚕豆、马铃薯、胡萝卜、小麦、留种十字花科蔬菜等作物和枣、桃、苹果等果树调查春季棉田外一代基数。从越冬卵孵化始期开始调查，至一代成虫高峰期结束，每10d调查一次，一般在4月上旬至5月中旬。采用拍打法或目测法。每种作物查2块田，每块田5点取样，每点1m^2；果树查10株，每株选取10个未封顶的枝条。将查获虫数分龄记载，以掌握春季一代绿盲蝽发生量和发生进度。绿盲蝽从二代起开始迁入棉田为害。此时调查对象田由棉田外转移至棉田内。调查时间为棉花出苗至9月底，每5d调查1次。选择当地主栽品种，高肥水的早、中、晚播棉田各1块。调查以各棉区棉田优势种类为主，采用拍打法或目测法。对角线5点取样，二、三代绿盲蝽每块田每点查10株，四代每点查5株。每日可选择早、晚绿盲蝽不活跃时调查，重点检查棉株嫩头、花蕾、幼铃上的成、若虫数。统计百株虫数及各虫态虫量所占百分率。

2.大田普查　根据棉田内虫量调查，在各代主要优势种处于二、三龄若虫高峰期时，对绿盲蝽发生种类、虫态和主要寄主作物进行全面普查。采用拍打法或目测法。棉田每次普查不少于10块田，每块田对角线5点取样，每点5株。其他寄主作物田每块田对角线5点取样，每点查1m^2。全年共普查4 ~ 5次，记载绿盲蝽种类和数量，计算百株虫量和每亩虫量，以求全面掌握绿盲蝽发生情况。由于绿盲蝽寄主范围广，成虫活跃，易在各寄主间辗转为害，所以调查一、二代主要寄主作物面积对掌握春季绿盲蝽发生基数具有十分重要的意义。寄主作物普查可与一、二代虫量大田普查同时进行，统计绿盲蝽一、二代主要寄主作物名称、面积及其占比。

3.棉花受害情况普查　在大田普查的同时调查棉花受害情况。分别在棉花的苗期、蕾期和花铃期调查棉花受害情况，每块棉田对角线5点取样，每点5株，目测各点新被害株数，计算新被害株率；每点取1株有代表性的受害株，计数棉蕾、小铃总数及被害棉蕾、小铃数，分别计算棉蕾和小铃被害率。二代虫量普查时结合调查棉花嫩头受害情况，三、四代虫量普查时结合调查蕾和小铃受害情况。

六、防治效果评价方法

棉田设置防治区和非防治区（对照），施药前调查基数（施药前活虫数、药前被害株数），施药后第1天、3天、7天分别调查残虫数（施药后活虫数）。每区采取对角线5点取样，每点连续查10 ~ 20株棉花，并挂牌标记（总株数），调查记录每株棉花上绿盲蝽的成虫、若虫数量。药后最后一次调查时，需调查记录各小区挂牌棉株中被绿盲蝽为害的株数（药后被害株数），或调查记录各小区挂牌棉株的花蕾脱落数和总花蕾数（通常在苗期或现蕾初期定株调查被害株数、典型顶尖被害株或破叶株；在盛蕾期定株调查总花蕾数和花蕾脱落数）。

$$防治效果=\left(1-\frac{对照区施药前活虫数\times 处理区施药后活虫数}{对照区施药后活虫数\times 处理区施药前活虫数}\right)\times 100\%$$

$$被害株率=\frac{药后被害株数-药前被害株数}{总株数}\times 100\%$$

$$防治效果=\frac{对照区新被害株率-处理区新被害株率}{对照区新被害株率}\times 100\%$$

$$花蕾脱落率=\frac{累计花蕾脱落数}{调查总花蕾数}\times 100\%$$

$$保蕾效果=\frac{对照区花蕾脱落率-处理区花蕾脱落率}{对照区花蕾脱落率}\times 100\%$$

烟 粉 虱

一、分布与为害

烟粉虱［*Bemisia tabaci*（Gennadius）］分布极其广泛，寄主范围广，不但对棚室蔬菜为害严重，且对露地黄瓜、番茄、茄子以及玉米、棉花、大豆等大田作物也造成影响。烟粉虱可通过取食植物汁液、分泌蜜露造成煤污病，传播植物病毒等方式进行为害：①烟粉虱刺吸取食为害，烟粉虱可通过口针刺吸植物汁液，被害叶片褪绿变黄、萎蔫或枯死。②烟粉虱可通过自身排泄分泌蜜露诱发煤污病。排泄物黏合其他物质造成的煤污覆盖在植物表面进而影响植物光合作用导致作物减产。③烟粉虱作为病毒传播媒介可以传播多种植物双生病毒。其中以番茄黄化曲叶病毒（TYLCV）、番茄褪绿病毒（ToCV）、瓜类褪绿黄化病毒（CCYV）等最为常见。

二、形态特征

（1）成虫：体长1mm，白色，翅透明，具白色细小粉状物。

（2）卵：呈椭圆形，近乎垂直嵌于叶片的反面，初期为黄绿色，发育到后期呈现深褐色。

（3）若虫：可以分为一龄若虫、二龄若虫、三龄若虫以及四龄若虫（伪蛹），若虫的体长随着发育而增大，总体在0.27～0.90mm，一龄若虫可活动。

烟粉虱形态特征
1.伪蛹　2.成虫

三、发生规律

烟粉虱成虫发生最适温度为25 ~ 30℃，在25℃条件下，从卵发育到成虫需要18 ~ 30d不等。冬季烟粉虱可在日光温室或保护地安全越冬。3月中旬至6月中旬烟粉虱在温室繁殖为害，7月上旬至9月中旬，气温偏高，烟粉虱在露地作物上大量繁殖。8月下旬至9月中旬，随着秋熟作物不断衰老，烟粉虱不断向秋播作物转移扩散。9月中下旬为全年虫量高峰期，10月以后，温度下降，虫量开始大幅度下降，露地烟粉虱纷纷向大棚转移或死亡，直至11月中旬，露地作物上不再出现烟粉虱。

四、防治技术

1.农业防治　选择抗病虫害的品种；作物定植前进行翻土以减少虫卵，清洁田园，清除残株和杂草；在田边或棚室周围种植对烟粉虱有驱避功效的植物。

2.物理防治　棚室通风口设置60 ~ 80目防虫网阻隔，悬挂黄板诱捕烟粉虱成虫并监测其发生动态。

3.生物防治　释放天敌昆虫丽蚜小蜂（*Encarsia formosa*）防治烟粉虱，烟粉虱初现时每亩放蜂2 000头左右；也可使用球孢白僵菌全株喷雾防治。

4.化学防治　使用螺虫乙酯、氟吡呋喃酮、呋虫胺、氟啶虫胺腈防治。

五、调查方法

采用5点取样法，各样点随机选取固定作物10株，在每植株的上、中、下3个部位随机取叶龄相似的2片叶，分别记录调查叶片上的烟粉虱数量。

六、防治效果评价方法

$$防治效果=\left(1-\frac{空白对照区处理前活虫数\times 防治区处理后活虫数}{空白对照区处理后活虫数\times 防治区处理前活虫数}\right)\times 100\%$$

蛴　　螬

一、分布与为害

蛴螬是鞘翅目金龟甲总科幼虫的统称，是地下害虫中分布最广、种类最多、为害最重的一大类群。蛴螬主要为害麦类、玉米、高粱、薯类、豆类、花生、棉花、蔬菜、甜菜等作物，可取食萌发的种子和嫩根或咬断幼苗根茎（如小麦、大豆、玉米、高粱、棉花、花生等），也可直接咬食花生、马铃薯、红薯等地下嫩果、块茎和块根，也为害果树、林木的幼苗以及牧场和草坪的草类根部。蛴螬对农作物的为害既造成减产，又因产生的虫孔容易引起病菌的侵染和其他间接为害。成虫大多食害果树、林木和作物的叶片，也会造成损失。在长江中下游旱作地区及黄淮海地区，为害较重的是暗黑鳃金龟（*Holotrichia parallela* Motschulsky）、铜绿丽金龟（*Anomala corpulenta* Motschulsky）和华北大黑鳃金龟（*Holotrichia oblita* Faldermann）。

蛴螬为害花生

二、形态特征

蛴螬体肥大，体弯曲呈C形，多为白色，少数为黄白色。头部褐色，上颚显著，腹部肿胀。体壁较柔软多皱，体表疏生细毛。头大而圆，多为黄褐色，生有左右对称的刚毛，刚毛数量的多少常为分种的特征，如华北大黑鳃金龟的幼虫为3对，铜绿丽金龟幼虫为6～8对。蛴螬具胸足3对，一般后足较长。腹部10节，第十节称为臀节，臀节上生有刺毛，其数目的多少和排列方式也是分种的重要特征。

金龟子形态特征
1.成虫　2.卵　3.幼虫

三种金龟的形态特征

虫态	特征	华北大黑鳃金龟	铜绿丽金龟	暗黑鳃金龟
成虫	体长	16～21mm	17～20mm	18～22mm
	体色	黑褐色，有光泽	铜绿色，有光泽	黑褐色，无光泽

（续）

虫态	特征	华北大黑鳃金龟	铜绿丽金龟	暗黑鳃金龟
成虫	鞘翅	有3条纵隆线，翅面及腹部无短绒毛	有3条纵隆线，前胸背板及鞘翅铜绿色	翅面及腹部有蓝白色短小绒毛
	前足胫节外侧	有3个尖锐内突	有2个齿状突起	有3个较钝齿突
	腹部	臀节背板包向腹面	臀节背板不包向腹面	臀节背板不包向腹面
幼虫（蛴螬）	体长	35 ~ 45mm	30 ~ 33mm	35 ~ 45mm
	头部前顶刚毛	每侧3根（冠缝侧2根，额缝侧上方1根）	冠缝两侧6 ~ 8根，排成纵队	冠缝两侧各1根
	肛腹板刺毛列	排列分布均匀，达全节的2/3	钩毛区中夹有2列长针状刺毛相对排列	排列散乱，不规则，但较均匀，仅占全节的1/2

三、发生规律

作物区域性连作、土壤有机质高的地区发生重，为害程度受环境影响大。成虫交配后10 ~ 15d产卵，产在松软湿润的土壤内，以水浇地最多，每头雌虫可产卵100粒左右。

1.华北大黑鳃金龟　黄淮地区2年发生1代，以成、幼虫隔年交替越冬，5月中旬、6月中旬为成虫出土高峰，6—7月为产卵高峰，以二、三龄幼虫为害。

2.暗黑鳃金龟　黄淮地区1年发生1代，多以三龄老熟幼虫越冬，少数以成虫越冬。7月初到8月初为出土高峰。7月中下旬为产卵盛期，以二、三龄幼虫为害。

3.铜绿丽金龟　各地均1年发生1代，以幼虫越冬。6月下旬至7月上旬为出土高峰。7月上旬为产卵盛期，以二、三龄幼虫为害。

四、防治技术

蛴螬是一种较难防治的地下害虫，其主要生活在土壤中，具有隐蔽性强、食性杂、为害期长等特点。

1.农业防治

（1）土壤翻耕：秋末冬初，将已下潜至土壤深层的蛴螬翻到地表，使其不能顺利越冬。春季土壤解冻后、春播前及时深翻土壤，杀死上升到土表的蛴螬。

（2）覆膜种植：作物播种后覆膜，促进种子提早萌发，培育壮苗。

（3）植物诱集：在作物种植区域的周边种植蓖麻、榆树、黄杨等诱集植物，待金龟子发生盛期时，集中消灭。

2.物理防治

（1）糖醋液诱杀：用糖6份、醋3份、白酒1份、水10份、90%敌百虫1份配制成糖醋液，诱杀金龟子。

（2）灯光诱杀：在金龟子发生期，田间安装360～400nm波长的杀虫灯，单灯控制面积2～3hm^2，灯悬挂高度，前期1.5～2m，中后期应略高于作物顶部。一般6月中旬开始开灯，8月底撤灯，每日开灯时间为晚8—9时至次日凌晨4时。如果采用水盆式诱虫灯，高度距诱虫盆中水面高度约10cm，每日定时捞出所诱成虫，并补加蒸发掉的水。

3.生物防治 作物播种时，将白僵菌、绿僵菌或Bt制剂随肥施用，或将昆虫病原线虫制剂对水喷施于地面或灌根防治。

4.化学防治

（1）种子处理：播种前，可选用48%吡虫啉悬浮种衣剂包衣或10%噻虫嗪微囊悬浮剂拌种。

（2）喷雾防治：用30%毒死蜱微囊悬浮剂或5.7%氟氯氰菊酯乳油喷雾于播种穴。

（3）灌根处理：作物苗期地下害虫发生程度达到防治指标时，可选用35%辛硫磷微囊悬浮剂灌根防治。

五、调查方法

1.虫口基数调查　选择有代表性的地块，按不同土质、地势、茬口分别进行调查。播种前选择有代表性、面积0.67hm^2以上的农田，对角线5点取样，每点长200cm、宽50cm、深20～30cm。采用挖土调查法，翻土进行详细调查，记载蛴螬数量，推算单位面积虫口密度。

2.幼苗期为害程度调查　作物出苗后，选择有代表性、面积0.67hm^2以上的农田，对角线5点取样，每点顺行连续调查100株，记录被害苗数。调查田块面积每增加0.67hm^2，可增加调查样点1个，样点排列可根据调查样点数和地形灵活变化，以能代表全田作物幼苗被害情况为宜。

3.作物中后期虫情调查　选择有代表性、面积0.67hm^2以上的田块，对角线5点取样，每点顺行连续调查50～100株作物（作物株数根据作物的大小而定）的根部周围土壤，调查作物生长期的害虫数量。

六、防治效果评价方法

用被害（株/果）率或防治后空白对照区与处理区活虫数来评价防治效果。

$$被害（株/果）率=\frac{被害（株/果）数}{调查总（株/果）数}\times 100\%$$

$$防治效果=\frac{空白对照区被害率-药剂处理区被害率}{空白对照区被害率}\times 100\%$$

$$防治效果=\frac{空白对照区活虫数-处理区活虫数}{空白对照区活虫数}\times 100\%$$

小麦白粉病

一、分布与为害

小麦白粉病病原菌为禾本科布氏白粉菌小麦专化型［*Blumeria graminis* f. sp. *tritici*（DC.）Speer］，是一种世界性病害，在许多国家小麦生产中为害严重，目前也是我国小麦生产上为害最为严重的病害之一。20世纪70年代以前，小麦白粉病一般年份仅在我国西南地区的云南、贵州、四川等地一些山区发生较重，发生程度和发生范围均比较小，属于小麦上的次要病害。70年代中期以后，小麦白粉病在西南地区的发生为害逐渐加重，此后发生范围逐渐向北向西扩展，80年代中期继续向北方黄淮海麦区发展，1987年在河南、山东、河北、天津、北京等地偏重流行，1990—1991年全国大面积发生流行，不仅遍及江淮、黄淮海等小麦主产区，而且发生范围进一步北移扩展到辽宁、吉林、黑龙江等春麦区，由小麦生产上的次要病害上升为主要病害，是影响小麦丰产丰收的重要因素之一。

目前，小麦白粉病在山东省各小麦产区普遍发生，是小麦上的主要常发性病害，常年发生面积均在1 500万亩以上，严重时超过2 000万亩，发生程度3～4级，一般年份可减产5%～10%，严重时可达30%以上，对小麦安全生产构成严重威胁。

二、症状特征

白粉病在小麦的整个生育期均可发生，主要为害叶片，严重时也可为害叶鞘、茎秆和穗部。发病初期在叶片上产生黄色小点，后逐渐扩大，形成圆形或椭圆形的病斑，表面产生灰白色粉状霉层，后期病部散生灰褐色或黑褐色小点，即病原菌有性阶段产生的子囊壳，叶片逐渐变为黄褐色或枯死；茎和叶鞘受害后，植株易倒伏；严重时叶鞘、麦穗及麦芒上均产生灰白色霉层，叶片几乎完全为霉层所覆盖，使植株呼吸作用增强，蒸腾作用加强，光合作用降低，碳水化合物积累和输送减少，影响养分积累，导致植株矮小细弱，穗小粒少，千粒重下降，造成减产。

小麦白粉病症状特征
1.为害叶片　2.为害穗

三、发生规律

小麦白粉病是一种真菌性病害，夏季小麦成熟收获后，病原菌可以分生孢子在夏季气温较低地区的自生麦苗上越夏，也可以病残体上的闭囊壳在干燥和低温条件下越夏。越夏后，首先侵染越夏区的秋苗，然后逐渐向周围及非越夏地区传播侵染为害。在病原菌可越夏的地区，秋苗往往发病早、为害重；在无越夏菌源的地区，秋苗一般发病晚、为害轻或不发病。秋苗发病后，病原菌一般能安全越冬。病原菌可以分生孢子、菌丝体在田间和病残体上越冬或潜伏在寄主组织内越冬，冬季温暖、雨雪多或土壤湿度较大时，有利于病原菌越冬。春季随小麦返青生长，越冬病原菌萌动，首先侵染植株基部叶片，然后逐渐向中上部叶片发展，发病早期往往有明显的发病中心，由此逐渐向四周扩展蔓延为害。病原菌能够进行有性繁殖，并可在田间引起多次再侵染，在温度和湿度适宜的条件下，病原菌大量繁殖，通过气流、害虫等媒介传播蔓延为害。该病发生为害的

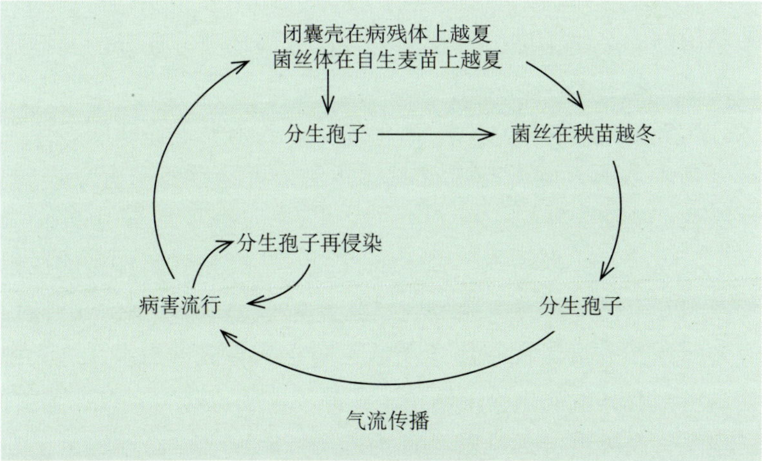

小麦白粉病侵染循环

适宜温度是15 ~ 20℃，低于10℃发病缓慢，相对湿度大于70%易造成病害流行。特别是4月降水量较多，田间湿度大，5月上旬阴雨连绵时，极易造成白粉病流行。冬麦区春季发病的菌源主要来自当地，而春麦区发病的菌源除来自当地外，还有的来自邻近发病较早的地区。

四、防治技术

1.种植抗耐病品种　结合当地情况，选择种植对白粉病抗耐病性较好的适宜品种。

2.加强栽培管理　根据品种特性，控制播种量和播种期，适期晚播，减少秋苗期发病。清除麦场路边自生麦苗，减少病原菌越夏寄主数量。加强田间管理，合理密植、灌溉和施肥，避免大水漫灌和偏施氮肥，创造有利于小麦生长、不利于病害发生的麦田生态环境。

3.播种期种子处理　在小麦播种前实施种子包衣或药剂拌种，控制小麦白粉病的发生，压低秋苗期菌源量和越冬基数。可结合小麦纹枯病、茎基腐病等病害的防治，选用含有戊唑醇、苯醚甲环唑、咯菌腈、氟唑菌酰羟胺、丙环唑等成分的药剂进行种子处理。

4.苗期喷药防治　对于播种较早，冬前表现症状明显或发现发病中心时，应及时进行喷雾防治，可选用药剂有三唑酮、戊唑醇、烯唑醇等。

5.成株期达标防治　春季返青后，及时开展调查监测，根据田间发生情况开展达标防治。当小麦白粉病病叶率达10%时，应及时组织开展大面积应急防治，防止病害流行为害。进入穗期，可结合其他病虫害的防治，实施“一喷三防”，常用药剂有三唑酮、戊唑醇、烯唑醇、环丙唑醇、腈菌唑、丙环唑、己唑醇、咪鲜胺等。严重发生田块，应间隔7 ~ 10d再喷1次。

五、调查方法

1.病情调查

(1) 系统调查：根据当地小麦品种的布局状况及生态类型，选择发病条件好、发病较早且有代表性麦田2 ~ 3块作为系统观测田，每块田面积不少于2亩。自小麦拔节期开始，每10d调查一次，拔节后每5d调查一次，至乳熟期结束。

采用5点取样法，每个田块固定5点，每点固定100株，其中至少有2点已有病叶，其余各点随机选定。在整个观察期内不用药，调查病叶数、严重度和发病部位等，计算病情指数。

(2) 大田普查：根据当地小麦常年发病情况选定若干代表性区域，在每个区域内选择当地主栽品种和感病品种的早、中、晚播种麦田进行调查，调查田块不少于10块，分别在小麦秋苗期、拔节期、孕穗期、灌浆期和乳熟期进行调查。

采用5点取样法。白粉病处于零星发生期时，每点实查10m双行或$5m^2$，调查记录发病株数和病叶发病情况；全田普遍发生时，每点选1m双行或$1m^2$，随机调查100片叶（调查旗叶和旗下一、二叶等上部3片叶的发病情况，取样数量应大体一致），记录发病叶数和严重度，计算病叶率、平均严重度和病情指数及病点率。

2.防效调查　选择采取防治措施的麦田或示范区防治处理的麦田，药剂防治田于用药后7d、14d，用其他绿色防控措施的麦田在防治结束后小麦收获前，采用5点取样法进行防效调查。

防治效果用处理区的病情指数占对照区病情指数的百分比表示。

小麦白粉病的发生程度以当地发病盛期的平均病情指数来表示，共划分为5级，各级具体指标见下表。

小麦白粉病发生程度分级指标

发生程度级别	1	2	3	4	5
病情指数（X）	$X \leqslant 10$	$10 < X \leqslant 20$	$20 < X \leqslant 30$	$30 < X \leqslant 40$	$X > 40$

小麦白粉病的严重度可以病叶上病斑菌丝层覆盖叶片面积占总面积的比率进行分级，共划分为8级，分别用1%、5%、10%、20%、40%、60%、80%、100%表示；对于处于等级之间的病情取其接近值，虽已发病但严重度低于1%的，按1%计。对于群体病叶，采用以下公式计算平均严重度；在病害发生初期，可严格计数计算，当病害处于盛发期且需要多点调查时，某点的平均严重度可根据目测估计给出。

$$病叶平均严重度=\frac{\sum（各严重度级值\times各级病叶数）}{调查总病叶数}\times 100\%$$

病情指数是指病害发生的一个平均水平，可用以下公式计算。

$$病情指数=病叶率\times病叶平均严重度\times 100\%$$

六、防治效果评价方法

1.经济效益

挽回产量损失率=对照区挽回产量损失率−防治处理区挽回产量损失率

经济效益=增加产出经济值（挽回产量损失值）−投入经济值（实际投入值）

2.生态效益

减药效果=对照区（完全药剂防治区）用药量−处理区（综合防治区）用药量

3.社会效益

农药残留量=对照区农药残留量−处理区农药残留量

增加收益=处理区总收益−对照区总收益

小麦纹枯病

一、分布与为害

小麦纹枯病又称立枯病、尖眼点病。病原菌无性态主要为禾谷丝核菌（*Rhizoctonia cerealis* vander Hoeven）。发生分布地域广泛，几乎遍及世界各温带小麦种植地区。我国长江流域、黄淮海平原及华北麦区各省份均有发生。20世纪80年代以来，随着小麦高产栽培技术措施的推广，该病发生逐渐加重。目前已成为山东、安徽、江苏、河南、河北等小麦主产省份的主要病害之一。病害常发地区田间病株率一般为20%～30%，重病田达50%以上，特别严重的田块因病害引起的枯白穗率可达20%以上。罹病麦株抽穗之前就可能有部分茎蘖死亡，未死的病蘖也因输导组织遭到破坏，养分和水分运转受阻而影响麦株正常生长发育，导致麦穗的穗粒数减少、籽粒灌浆不足和千粒重降低。发病小麦一般减产5%～10%，严重地块减产可达20%～40%。

小麦纹枯病病原菌的寄主广泛。禾本科作物有小麦、大麦、燕麦、黑麦、玉米、高粱、谷子、水稻等作物；非禾本科作物有棉花、亚麻、烟草、马铃薯、大豆、花生、甜菜及甘蓝等。对小麦、大麦致病力最强。

二、症状特征

小麦播种至生长后期均可发病。主要为害植株基部的叶鞘和茎秆。

小麦播种发芽后受侵染，芽鞘变褐，腐烂死亡，即造成烂芽。苗期发病初期，主要于小麦3 ～ 4叶期在第一叶鞘接近地表处出现边缘褐色、中间淡白色或灰白色、多为梭形或椭圆形的病斑。发病严重时病斑向内侧发展延及茎秆，茎基部第一、二节节间变黑至腐烂，导致植株死亡。

小麦纹枯病症状特征

1.苗期症状　2、3.成株期症状

小麦拔节后，叶鞘上病斑扩展联合成云形病斑，中间淡黄色或灰白色，边缘有棕褐色环圈。茎秆上多个病斑连接出现云状的花秆症状。发病条件适宜时，病斑向上扩展直至剑叶，并深入茎壁，形成中部灰褐色、边缘褐色的近椭圆形眼斑。若田间湿度高，病斑发展深入茎秆，导致烂茎、后期倒伏。茎秆发病严重的植株常抽不出穗，形成枯孕穗，或虽能抽出穗，但籽粒少，干瘪形成枯白穗。病株中、下部叶鞘的病斑表面产生白色霉状物，并纠结成团，淡黄至黄褐色，最后形成许多散生、球形或近球形的褐色、直径1 ～ 2mm的小颗粒状物，即病原菌菌核。菌核由少数菌丝与叶鞘组织相连，较易脱落。

三、发生规律

小麦纹枯病初侵染来源主要是病原菌菌核。菌核在干燥条件的土壤中可存活6年之久。菌丝体也有一定的传病作用。病原菌菌核、菌丝体在田间越夏、越冬。病害可通过带菌的土壤、病残体、未腐熟的有机肥等传播。病株病部产生的菌丝体向周边扩展，进行再侵染。研究表明，病害在田间的发病进程可分为5个时期。

1.冬前发生期　越夏菌源通过与接触土壤的麦叶叶鞘或贴近地面的叶鞘侵入，形成小麦冬前发病。小麦3 ~ 4叶时，第一叶鞘可见褐色病斑。早播田块发生重。冬前病斑主要集中在芽鞘和第一、二叶鞘上。

2.越冬期　随着气温下降，病情停止发展，发病麦株带菌越冬。

3.返青上升期　春季气温回升，病原菌侵染麦株，病害在麦株间扩展，病株激增，发病普遍率显著上升。这一时期出现在小麦分蘖末期至拔节期。

4.拔节后盛发期　随着麦株节间的伸长，病害迅速向上扩展蔓延，并向内侵入茎秆，病害严重度显著增加，病害发生达到高峰，病斑相连形成云状。这一高峰时期出现在小麦拔节后期至孕穗期。

5.抽穗后稳定期　小麦抽穗后，植株茎秆老健，病害发展趋于缓慢。一般于5月上中旬病情发生基本稳定。重病株因输导组织受损失水枯死，形成枯孕穗或枯白穗。病株病部产生菌核，落入土中越夏。

四、防治技术

采取以农业措施早期预防和种子处理为基础，春季药剂防治为重点的策略。

1.种植抗（耐）病品种　生产上目前缺乏高抗纹枯病的小麦品种。重病地区要种植耐病性好或轻度感病的小麦品种，以减轻病害发生程度。

2.适期迟播，合理轮作，控制播量　适当推迟小麦播期，减少病原菌冬前侵染概率，降低发病基数。实行小麦与大豆、花生、甘薯、棉花轮（间）作种植，减少田间菌源积累。控制植株密度，以使麦田通风透光。

3.合理进行肥水管理　增施有机肥，增加土壤有机质含量。避免偏施氮肥，氮、磷、钾肥平衡施用，培养健壮植株，增强自身抗病能力，增钾控氮能减轻小麦多种病害发生程度。要合理排灌，播种前麦田要沟渠配套，小麦开花至灌浆期要清沟降渍，降低田间湿度。此外，要及时进行杂草防除，改善植株通风透光条件。

4.药剂防治　以种子处理为重点，在此基础上重病田春季再施药防治。

（1）种子处理：可结合其他病虫害的预防，选用戊唑醇、咯菌腈、苯醚甲环唑、氰烯菌酯等药剂进行种子处理。

（2）春季防治：于小麦拔节初期，当田间病株率达到10%时，可结合茎基腐病等病害的防治选用含有戊唑醇、烯唑醇、丙环唑、噻呋酰胺、井冈霉素等成分的药剂，进行茎基部喷雾防治，每7～10d喷药一次，根据病情连喷2～3次。

五、调查方法

1.系统调查　调查根据当地小麦品种的布局状况及生态类型，在适宜发病、有代表性的品种中选择早、中、晚茬地块各一块作为系统观测田，每块田面积应大于2亩。从小麦返青后开始调查，每10d调查1次，直到乳熟期。采取每块田单对角线

5点取样，每点20株，调查病株数；从拔节期开始调查侵茎数和病茎严重度，计算侵茎率和病情指数。

2.大田普查　分别于小麦秋苗期、拔节期、扬花期、乳熟期进行病情普查。普查依据小麦栽培区划和常年发病情况选定若干代表性区域，在各代表性区域内选不同品种、不同茬口、不同播期及不同施肥水平等不同生态类型田10块以上。每块田采取对角线5点取样，每点调查20株，记载病株数、侵茎数和发病严重度，统计病田率和病情指数。

$$侵茎率=\frac{侵茎数}{调查株数}\times 100\%$$

$$病株率=\frac{病株数}{调查株数}\times 100\%$$

$$病情指数=\frac{\Sigma（严重度级值\times 各级株数）}{调查总株数\times 最高级代表值}\times 100$$

小麦纹枯病严重度指病茎上病斑宽度占茎秆周长的比例，用分级法表示。0级：（无病）健株；1级：叶鞘发病，或茎秆上病斑宽度占茎秆周长的1/4以下；2级：茎秆上病斑宽度占茎秆周长的1/4～1/2；3级：茎秆上病斑宽度占茎秆周长的>1/2～3/4；4级：茎秆上病斑宽度占茎秆周长的3/4以上，但植株未枯死；5级：病株提早枯死，呈枯孕穗或枯白穗。

六、防治效果评价方法

防治效果按以下公式计算：

$$防治效果=\frac{对照区病情指数-处理区病情指数}{对照区病情指数}\times 100\%$$

小麦茎基腐病

一、分布与为害

小麦茎基腐病是一种世界性病害，主要由假禾谷镰孢菌（*Fusarium pseudograminearum*）、禾谷镰孢菌（*F. graminearum*）等多种病原真菌引起。最早于20世纪50年代在澳大利亚发现，主要发生于干旱和半干旱的小麦种植区，造成严重的产量损失。病害主要侵染为害小麦的茎基部，受害小麦往往植株矮弱，分蘖减少，穗粒数减少，千粒重下降，后期茎秆易折断，引起倒伏，重病植株提前枯死，形成白穗，导致减产，严重影响产量。据调查，小麦受害后一般减产20%，严重时可达60%以上，甚至绝产。

目前，小麦茎基腐病在亚洲、非洲、北美洲、南美洲以及大洋洲等世界各小麦产区的数十个国家均有发生，尤其在澳大利亚、美国等北美洲及东亚等地区发生严重。在我国，小麦茎基腐病属于新发病害，2011年在河南省焦作市沁阳发现，2012年首次正式报道。近年来，该病在黄淮海小麦主产区的山东、河南、河北、安徽、江苏、山西、陕西等地扩展蔓延，发病面积逐年扩大，已经蔓延至西北、华北及长江流域麦区，尤其在豫北、豫中东、鲁西南、鲁西北、冀中南、陕关中、晋南等地区部分麦田发生为害日益严重，造成巨大损失，对小麦安全生产和国家粮食安全构成严重威胁。2015年以前，小麦茎基腐病在山东省零星发生，之后逐年加重，目前分布已经比较广泛。

据统计，2018年在全省15市、80余县（市、区）发生，面积500余万亩，2020年全省发生面积超过1 000万亩，2021年发生范围遍及全省16市，2022年发生面积近1 500万亩，产量损失超过5万t，成为威胁山东省小麦生产的重要病害。

二、症状特征

小麦茎基腐病是一种典型的土传真菌病害，假禾谷镰孢菌是山东省的优势病原菌，在小麦的整个生育期均可侵染为害，引起种腐（烂种）、根腐和茎基腐等症状，但主要为害茎基部。

病原菌首先从小麦根茎基部开始侵染，随着小麦的生长发育逐渐向上扩展，为害茎基部一至二节的叶鞘和茎秆。叶鞘受害后逐渐变为暗褐色，随病程发展，茎节及节间逐渐变为褐色至深褐色（酱油秆），严重时可向上扩展为害至第六茎节。田间湿度大时，病部常形成粉红色或白色霉层，茎秆易折断；后期重病株提早枯死，形成白穗，遇潮湿多雨天气，白穗上易腐生杂菌而变黑。

小麦茎基腐病症状特征

1.苗期症状　2.成株期症状　3.田间发病症状

三、发生规律

小麦茎基腐病通过病残体及种子带菌进行传播。病原菌主要以菌丝体的形态分布在土壤中及病残体上，也可以分生孢子、厚垣孢子存活于土壤中的病残组织中，一般可存活2年以上。温度等条件适宜时，病原菌从小麦茎基部或根部侵入，侵染小麦主茎和分蘖茎，随着小麦的生长发育逐渐向茎上部为害扩展至第三、四茎节，在田间靠耕作措施传播。

小麦茎基腐病在小麦的整个生育期均可发生为害，在田间具有多次再侵染特点。病害的发生除了与气候条件有关外，还与小麦品种抗性、播种期的早晚、种植方式、土壤类型和土壤状况等密切相关。早播田块茎基腐病发病重，适期晚播病害发生轻；多年小麦-玉米连作种植、秸秆还田腐熟不充分、不深耕的地块病害发生重；土质黏重、肥力条件差、盐碱地、地势低洼、排水不良、田间湿度大的地块病害发生重；土壤肥力差、氮肥施用过量、缺锌的地块病害发生重。

四、防治技术

抓住关键时期，采取防、调、治相结合的策略，协调应用农业、生物、化学等综合防治技术措施，有效控制小麦茎基腐病发生为害。重点做好小麦播前预防、播后结合物候及环境合理调控加强管理、返青期极早防治的“预、控、治”可持续治理技术体系及“一拌一喷”核心技术。

1.种植抗（耐）病品种 根据当地情况，选择种植适合的抗（耐）病品种，或抗逆性强的品种；尤其是重病田，避免种植高感品种。

2.加强栽培管理

（1）合理轮作：常年发病较重的小麦-玉米连作区，结合当地实际，每隔2～3年，可用玉米与大豆、棉花、花生、蔬菜、中药材等轮作一次，切断菌源连续积累途径，降低发生为害。

（2）适当深翻：秸秆粉碎，精细还田，播前深翻。土壤深翻不需要每年进行，一般每2～3年深翻一次，深度在30cm以上，压低菌源基数。

（3）适期晚播：根据当地病害发生和天气情况，适当推迟小麦播种期，最晚可以推迟至霜降前2～3d，减少秋苗感染概率，但要注意适当加大播种量。

（4）控制播种深度：播种深度控制在3～5cm，减少苗期地中茎的形成，降低病原菌通过地中茎侵染的概率，减轻苗期侵染受害，从而减轻中后期发生为害。

（5）精耕细管：加强田间管理，精耕细作，科学管理肥水。

控施氮肥，适当增施有机肥、钾肥等。土壤耕翻后，耙细整平，提高播种质量。盐碱化较重的地块宜采用地表水灌溉。

3.播种期种子处理　秋季小麦播种后至越冬前是茎基腐病侵染关键时期，种子包衣或药剂拌种是预防茎基腐病最为关键和有效的措施，可达到事半功倍的效果，播种前务必做好种子处理，杜绝白籽下地。

可结合其他病虫害的预防，选用含有咯菌腈、戊唑醇、苯醚甲环唑、氰烯菌酯、丙硫菌唑、灭菌唑等成分的药剂进行种子处理。如使用苯醚·咯·噻虫、戊唑·吡虫啉、苯醚·咯菌腈等进行包衣或拌种，在防治纹枯病等病虫害的同时，兼治茎基腐病。

如果冬前病害症状明显且有加重趋势，也可喷药防治一次。

4.返青期喷药防治　返青期是茎基腐病防控的关键时期，也是药剂防治的最后一道关口，应抓住这一时机，及早适时进行药剂防治。

可结合纹枯病、条锈病、白粉病等苗期病害的防治，兼治茎基腐病。可选用的药剂有戊唑醇、氟唑菌酰羟胺、丙环唑、甲基硫菌灵、丙硫菌唑、噻呋酰胺、氰烯·己唑醇、氰烯·戊唑醇等。施药时注意调低喷头高度和方向，适当加大用水量，重点喷施小麦茎基部，以确保防治效果。

五、调查方法

1.病情调查

（1）系统调查：根据当地小麦品种的布局状况及生态类型，在适宜发病、有代表性品种中选择上年发病重的2块地作为系统观测田，每块田面积不少于2亩。自小麦返青期开始至灌浆期，每7d调查一次。

采用对角线5点取样，每点取50株，调查病株数。灌浆期开始调查严重度和病情指数，每点随机选择20株，逐一调查严重度，计算病情指数。

（2）大田普查：根据小麦常年发病情况选定若干代表性区域，在每个区域内选择10块以上不同品种、茬口、播期和耕作方式的地块，分别在小麦秋苗期、返青期、拔节期和灌浆期进行调查。

采用对角线5点取样，每点取50株，调查病株数。灌浆期调查严重度和白穗数，计算病情指数和白穗率。

2.防效调查　选择采取防治措施的麦田或示范区防治处理的麦田，药剂防治田于用药后7d、14d，用其他绿色防控措施的麦田在防治结束后小麦收获前，采用5点取样法进行防效调查。

防治效果用处理区的病情指数占对照区病情指数的百分比表示。

小麦茎基腐病发生程度以普查的平均病株率为主要分级指标，白穗率为参考指标，共划分为5级，分别为轻发生（1级）、偏轻发生（2级）、中等发生（3级）、偏重发生（4级）、大发生（5级），具体指标见下表。

小麦茎基腐病发生程度分级指标

发生程度	1级	2级	3级	4级	5级
病株率（%，X）	$0.1 \leqslant X \leqslant 5$	$5 < X \leqslant 15$	$15 < X \leqslant 25$	$25 < X \leqslant 35$	$X > 35$
白穗率（%，Y）	$0.01 \leqslant Y \leqslant 0.5$	$0.5 < Y \leqslant 2$	$2 < Y \leqslant 5$	$5 < Y \leqslant 10$	$Y > 10$

灌浆期严重度分级及标准：0级：植株叶鞘及茎秆无变褐现象；1级：下部叶鞘明显变褐，但茎部无变褐现象；2级：基部第一节间有变褐现象；3级：基部第二节间有变褐现象，但无枯白穗；4级：基部第三节间以上有变褐现象，但无枯白穗；5级：枯白穗或无穗。

病情指数采用以下公式计算：

$$病情指数=\frac{\Sigma（各严重度级值\times各级病株数）}{调查总株数\times5}\times100$$

六、防治效果评价方法

1.经济效益

挽回产量损失率=对照区挽回产量损失率－防治处理区的挽回产量损失率

经济效益=增加产出经济值（挽回产量损失值）－投入经济值（实际投入值）

2.生态效益

减药效果=对照区（完全药剂防治区）用药量－处理区（综合防治区）用药量

3.社会效益

农药残留减少量=对照区农药残留量－处理区农药残留量

增加收益=处理区总收益－对照区总收益

玉米粗缩病

一、分布与为害

玉米粗缩病是由植物病毒引起的毁灭性病害，俗称“万年青”“小老苗”。在我国引起玉米粗缩病的病毒主要是水稻黑条矮缩病毒和南方水稻黑条矮缩病毒，均属于呼肠弧病毒科斐济病毒属，分别由带毒灰飞虱和白背飞虱传播。山东省玉米粗缩病病原病毒主要为水稻黑条矮缩病毒（*Rice black-streaked dwarf virus*，RBSDV）。该病是中国玉米产区，特别是北方玉米产区最重要的流行性病毒病。1954年，该病首次发现于新疆南部和甘肃西部，之后在我国大部分玉米种植区发生为害。20世纪60年代，该病在山东夏玉米区流行，70年代，在北京和河北大范围流行。1996年在全国大部分玉米种植区发生流行，发生面积达3 500万亩，毁种面积60万亩。2004年在江苏、安徽、浙江、上海等地暴发，病株率达20%～40%，严重地块达80%，对玉米生产造成严重损失。山东省2000年后玉米粗缩病开始快速上升为害，2003年发生面积70万亩，2006年扩展为300万亩，2008年大发生，发生面积达1 150万亩，严重地块毁种绝收。2008年以来，山东重点采用调整夏玉米播期，改变原来套种玉米模式，大面积推广玉米直播，抓住关键期防治灰飞虱等综合措施，切断病毒传播途径，大幅度降低玉米粗缩病发生面积和为害损失，至2012年山东发生面积降至500万亩左右。近几年，发生面积持续保持在50万亩以下。

二、症状特征

该病在玉米整个生育期都可侵染发病，苗期感病性最强，发病后对玉米植株影响最大。苗期感病后，最早在3叶期叶片开始显症，5 ~ 6叶期进入显症高峰期，持续到抽雄吐丝期。发病初期，在玉米心叶基部中脉两侧出现透明虚线条，后上下延伸成透明状点线，称为明脉，是病害早期诊断的主要依据；后期，在病株叶背、叶鞘及苞叶的叶脉上具有粗细不一的蜡白色条状突起，用手触摸有明显的粗糙不平感，称为脉突，之后白色脉突逐渐加深为黄色或黄褐色，是后期病害诊断的主要依据。典型病株表现为矮化、发育迟缓、节间缩短变粗、叶片密集、顶叶丛生，簇生状如君子兰，叶色浓绿、宽、短、厚、脆。重病株不能抽雄吐丝，多在乳熟前枯死、绝产。轻病株可抽雄，但半包在喇叭口中，雄穗发育不良，分枝极少或花粉败育，雌穗畸形，花丝不发达，籽粒少或不结实。病株根系不发达，粗短，总根少，不发次生根，根茎交界处常纵裂，易拔出。

1

2

玉米粗缩病症状特征
1.苗期症状　2.叶背突起条纹　3.成株期症状

三、发生规律

玉米粗缩病病原病毒主要寄主为单子叶禾本科植物，如玉米、小麦、水稻、谷子、黑麦等作物，还有狗尾草、马唐、稗草、画眉草等杂草，冬季可在冬小麦、水稻、多年生杂草及传毒昆虫体内越冬。黄淮海小麦-玉米连作区，该病传播媒介灰飞虱以休眠或滞育状态在冬小麦、田埂地边杂草上越冬，翌春迁入冬小麦、大蒜、马铃薯等作物田中，带毒灰飞虱把病毒传播到返青小麦上，成为侵染玉米的主要毒源。5—6月，灰飞虱陆续向附近玉米田迁飞传毒侵染玉米造成玉米粗缩病，小麦乳熟后期至收获期为灰飞虱迁飞高峰期。二、三、四代灰飞虱主要在玉米及田间杂草上越夏，玉米成熟后，迁至禾本科杂草上，小麦秋苗期，四代灰飞虱转迁到麦田传毒为害并越冬。玉米5叶期前易感病，10叶期以后抗性增强，即便受侵染发病也轻。

玉米粗缩病发生程度与传毒媒介灰飞虱虫口密度及带毒率、玉米易感病叶龄期与一代灰飞虱传毒高峰期吻合度、品种抗性等因素密切相关。冬季温暖干燥，早春气温偏高降水偏少，5—6月气温偏低降水偏多，有利于灰飞虱越冬存活及春季若虫羽化繁殖生长，造成田间灰飞虱种群数量大，加重玉米粗缩病发生。另外稻套麦、麦套玉米、免耕等栽培模式，有利于灰飞虱越冬存活和转移为害，晚播春玉米、早播夏玉米敏感期与灰飞虱迁飞高峰期吻合，可导致玉米粗缩病重发。管理粗放地块，杂草及自生麦苗丛生，有利于灰飞虱生存繁殖和越冬越夏，也是造成玉米粗缩病严重流行的重要因素。

四、防治技术

玉米粗缩病的防治要坚持以农业防治为主、化学防治为辅的综合防治方针。其核心是控制毒源、治虫防病、减少虫源、避开为害。主要措施有：

1.选用抗（耐）病品种　目前山东省推广种植的玉米品种缺乏抗玉米粗缩病品种，表现中抗水平的耐病品种籽粒玉米有农大108、登海W333、青科8号、鲁星513、连发405、运河3、鑫星321、德发705、登海DT718、良玉99号、金来705、先玉335、浚单20等；鲜食玉米有山农210、山农209、山农甜糯1号、鲁甜105、鲁糯005、齐糯2号、山农齐民1号等品种；青储玉米有山农饲玉1号、鲁单510等品种。

2.农业防治

（1）加强测报：加大系统调查和大田普查，及时掌握发生动态，准确预测传毒昆虫迁飞高峰期和种群数量，为综合防控提供数据支撑。

（2）选择适当的种植模式：根据当地实际，调整作物布局、种植模式等，如改麦田套种玉米为直播玉米，适时调整春玉米和夏玉米播期等，错开玉米易感生育期和传毒昆虫活动高峰期，切断病毒传播链。山东病害常发区，夏直播玉米可根据各地实际推迟到6月15—30日播种。

（3）加强田间管理：均衡施肥、合理浇水，播后及时追肥、浇水、除草，促进苗株强壮，增强玉米抗（耐）病能力。重病区适当增加播种量，结合间定苗，及时拔除病株，可有效降低产量损失。

（4）及时除草：玉米苗前，及时清除田间、地边杂草；苗后，适时化学除草，破坏灰飞虱的生存环境，降低虫口密度，减少传毒概率。

3.科学用药

（1）种子处理：用含有吡虫啉、噻虫嗪、氟虫腈等药剂成分的种衣剂或种子处理剂，包衣或拌种。1kg玉米种子可选用600g/L吡虫啉或50g/L氟虫腈悬浮种衣剂4 ~ 8g包衣；或用70%噻虫嗪种子处理可分散粉剂1 ~ 3g，对适量水拌种，晾干播种；也可用复配药剂29%噻虫·咯·霜灵悬浮种衣剂3 ~ 4.5mL包衣。

（2）喷药防治：玉米播种前后和幼苗期，每亩可用30%乙酰甲胺磷乳油120 ~ 240mL，或22%噻虫·高氯氟微囊悬浮-悬浮剂10 ~ 15mL对水15 ~ 20kg喷雾。喷雾时要把药液喷到玉米心叶叶鞘内，并注意喷洒田边地内杂草。有条件的可实行联防联控，大面积规模化开展统防统治，有效提升防治效果。

五、调查方法

1.麦田灰飞虱虫量调查及带毒率检测　需要调查两次，分别在灰飞虱越冬代成虫高峰期和一代成虫高峰期各调查一次。在灰飞虱常年虫量较高的稻麦轮作区或玉米小麦轮作区，根据种植模式、播种方式、播期早晚等，选择典型田块10 ~ 20块进行调查，每块田不少于1亩。采用双对角线5点取样，用扫网法或笼罩法调查。扫网法调查：选用捕虫网（直径53cm），每点来回扫一次，每次扫幅1m，面积$0.5m^2$，查捕获虫量；笼罩法调查：用长、宽、高均为33cm的正方体笼框，四周加顶部罩白纱布，做成笼罩，在样点扣笼后，用棍棒在底部拨动草丛，灰飞虱跳到纱布上，统计笼内虫量。将调查收集到的灰飞虱，带回室内，利用水稻黑条矮缩病dot ELISA检测试剂盒进行检测，确定带毒（阳性反应为带毒灰飞虱）虫数，计算带毒率。

2.玉米田灰飞虱虫量调查　在玉米田灰飞虱虫量高峰期调查，根据播期选择有代表性的田块10 ~ 20块，每块田不少于1亩，采用双对角线5点取样，玉米出苗至灰飞虱成虫发生盛期，每点查10株，计算虫量。

3.玉米粗缩病调查　玉米苗期、大喇叭口期、收获前各调查一次。选择有代表性的玉米田10 ~ 20块，每块田不少于1亩，采用双对角线5点取样，每点取20株。苗期调查病株数，计算病株率；大喇叭口期和乳熟期调查病株率和病情严重度，计算病情指数。

严重度分级指标：0级：全株无病症；1级：株高为健株的4/5以上，雄穗抽短，仅上部叶片背面有白色蜡状突起；2级：株高为健株的4/5 ~ 2/3，整株显症，雌穗长度为健穗的3/4左右；3级：株高为健株的>2/3 ~ 1/2，整株显症，雌穗长度为健穗的1/2以下；4级：株高为健株的1/2以下，整株显症或提早枯死，基本无产量。

病情指数采用以下公式计算：

$$病情指数=\frac{\sum（各严重度级值\times 各级病株数）}{调查总株数\times 4}\times 100$$

六、防治效果评价方法

在玉米大喇叭口期至乳熟期进行防治效果调查评价。每种防治处理田调查5块田，每块田采用双对角线5点取样，每点调查50株，记录病株数，计算病情指数，未防治田块作为对照，计算防病效果。

$$防治效果=\frac{空白对照区病情指数-处理区病情指数}{空白对照区病情指数}\times 100\%$$

玉米叶斑病

一、分布与为害

玉米叶斑病是一类侵染玉米，并以叶片产生病斑为主要特征的病害。主要包括玉米大斑病、玉米小斑病、玉米褐斑病、玉米弯孢霉叶斑病等。

1.玉米大斑病　病原菌为大斑病突脐蠕孢［*Exserohilum turcicum* (Pass.) Leonay et Suggs］，属子囊菌无性型凸脐蠕孢属；有性型为大斑病毛球腔菌［*Setophaeria turcica*（Luttrell）Leonard et Suggs］。主要以无性阶段在田间完成全部侵染循环过程和世代传递，有性阶段在自然界极少发现。广泛分布于我国玉米种植区，在我国30个省份均有发生，主要分布在黑龙江、吉林、辽宁、内蒙古东部和中部、甘肃东部、宁夏、陕西中部和北部、山西中部和北部、河北北部、北京北部、天津北部、湖北西部、湖南西部、四川、重庆、云南、贵州等以春玉米种植为主的地区。在山东，该病主要在春玉米和夏直播玉米中后期发生，随着抗性品种种植等防控措施推广，近年发生呈下降趋势，常年发生面积约400万亩。玉米叶片发病后，造成叶片失绿，失去光合能力，导致发育中的果穗无法获得充足营养，籽粒灌浆不足而减产。大发生流行年份，一般减产15%～20%，感病品种损失达30%，严重时达50%。

2.玉米小斑病　病原菌为玉蜀黍平脐蠕孢［*Bipolaris maydis*（Nisikado et Miyake）Shoemaker］，属子囊菌无性型平脐蠕孢属；

有性型为异旋孢腔菌［*Cochliobolus heterostrophus*（Drechsler）］，属子囊菌门异旋孢腔菌属。自然条件下，玉米上只发现无性态。我国大部分玉米种植区都有发生，以夏玉米区发生为重，包括陕西中部、山西南部、河北中南部、北京南部、天津、河南、山东、安徽北部、江苏北部。该病流行一般造成减产15%～20%，感病品种可减产20%～30%，严重时达50%以上，甚至无收。20世纪80年代以来，小斑病常发的夏玉米区，对小斑病的抗性成为新品种育种非常重要的特性，夏玉米国审品种采取了小斑病高感品种一票否决的措施，确保了主要推广品种的抗病性水平，避免了玉米小斑病的暴发。目前，山东推广的玉米品种多数对小斑病具有抗性，近年田间调查表明，玉米小斑病发生比较平稳，年发生面积450万～500万亩。该病主要导致叶片上形成大量枯死病斑，严重破坏叶片光合能力而引起减产，同时由于病菌侵染，籽粒上会产生褐斑，直接影响籽粒的商品性。

3.玉米褐斑病　病原菌为玉蜀黍节壶菌［*Physoderma maydis*（Miyabe）Miyabe］，属芽枝霉门节壶菌属。病原菌是一种专性寄生菌，主要侵染玉蜀黍属植物。在我国各玉米产区都有发生，通常在南方高温高湿地区为害较重；黄淮海夏玉米区因主栽品种感病，田间菌源增多，致使玉米褐斑病流行，已成为玉米生长中、后期的重要病害。2000年以来，随着秸秆还田及免耕技术的推广应用，导致田间菌量增加，同时感病品种的大范围推广以及气候原因，致使该病在我国玉米产区大面积流行，为害比较严重。在华北地区和黄淮流域的河北、北京、河南、山东、安徽、江苏等地为害更重且有上升的趋势。2003年，玉米褐斑病在山东济南、菏泽和河南开封等地发生严重。2004年在黄淮海夏玉米区首次大面积流行。2005年、2006年连续流行，严重地块病株率达到100%，造成叶片干枯，甚至整株死亡。2008年后，该病在山东持续高发，年均发生面积800万亩左右，近年来，随着防控措施实施，年均发生面积降至600万亩左右。该病一般在玉米生长中后期发病，菌源充足和环境条件适宜的情况下也可提早到心叶期发病，主要为害果穗以下的叶片、叶鞘，可造成叶片局部或全叶干枯，一般减产10%左右，严重时达30%以上。

4.玉米弯孢霉叶斑病　病原菌无性态为新月弯孢[*Curvularia lunata*（Wakker）Boedijn]，属半知菌亚门；有性态为新月旋孢腔菌（*Cochliobolus lunatus* RR. Nelson et Haasis），属子囊菌亚门。又称拟眼斑病、黑霉病。我国最早于20世纪80年代在河南新乡地区发现。20世纪90年代中后期，在我国华北、东北等玉米产区，如辽宁、北京、河北、河南、陕西、山东、吉林和天津等地大面积严重发生，直接影响了玉米的产量，造成了极为严重的经济损失。目前，该病害在全国主要玉米产区普遍发生，局部地区有加重趋势。2008年以后，山东玉米弯孢霉叶斑病有一个持续高发阶段，年发生面积850万亩左右，由于抗病品种的推广及综合防控措施实施，2015年以后，玉米弯孢霉叶斑病发生持续下降，近年发生面积400万亩左右。

二、症状特征

1.玉米大斑病　主要为害叶片，严重时也为害叶鞘和苞叶，一般先从底部叶片开始发生，逐步向上扩展，严重时遍及全株，侵害玉米籽粒。少数情况从中上部叶片发病。感病品种上，发病部位初为水渍状或灰绿色小斑点，病斑沿叶脉扩大，形成黄褐色或灰褐色梭状的萎蔫型大病斑，病斑周围无显著的变色。病斑一般长5 ~ 10cm，有的可达20cm以上，宽1 ~ 2cm，有的超过3cm，横跨数个小叶脉。田间湿度大时，病斑表面密生黑色霉状物，为病原菌的分生孢子梗和分生孢子。叶鞘和苞叶上的病斑也多为梭形，灰褐色或黄褐色，上生霉层。发病严重时，全株叶片布满病斑并枯死。抗病品种上，病斑沿叶脉扩展，表现为褐色坏死条纹，周围有黄色或淡褐色褪绿圈，不产生或极少产生孢子。感病品种病斑扩展快，再侵染严重，常常导致中下部叶片发病而枯死。大斑病凸脐蠕孢有明显的生理分化现象，已知有玉米专化型、高粱专化型、约翰生草专化型、混合专化型等。玉米专化型区分为1号和2号小种，中国分布的是1号小种。

玉米大斑病症状特征

2.玉米小斑病　玉米整个生育期都可发生，抽雄、灌浆期发病严重，主要为害叶片，叶鞘、苞叶和果穗也受害。与大斑病相比，叶片上病斑小，数量多。初发病斑为水渍状半透明的小斑点，后逐渐扩大形成不同形状的黄褐色病斑，高温多湿条件下，病斑表面密生一层灰色霉状物，即病原菌的分生孢子梗和分生孢子。因玉米品种和病原菌生理小种不同，叶片病斑表现为三种不同病斑类型：第一种病斑椭圆形或近长方形，多限于叶脉之间，黄褐色，边缘褐色或紫褐色，大小为（10～15）mm×（3～4）mm，多数病斑连片以后，病叶变黄枯死；第二种病斑椭圆形或纺锤形，较大，不受叶脉限制，灰色或黄褐色，边缘褐色或无明显边缘，有的后期稍有轮纹，苗期发病时，病斑周围或两端形成暗绿色浸润区，病斑数量多时，叶片很快萎蔫死亡；第三种病斑为黄褐色坏死小斑点，病斑一般不扩大，周围有黄色晕圈，表面霉层极少，通常多在抗病品种上出现。叶鞘和苞叶上病斑较大，纺锤形，黄褐色，边缘紫色或不明显，表面密生灰黑色霉层。果穗受害时，病部为不规则的灰黑色霉区，严重时，引起果穗腐烂，下垂掉落，种子发黑腐烂，影响发芽和出苗，常导致幼苗枯死。

玉米小斑病症状特征

3.玉米褐斑病　病原菌主要侵染玉米叶片、叶鞘，有时也在茎上发生，病斑多出现于茎节附近，呈深紫色或黑色。整个玉米生长期间均可发病，主要有成株期和心叶期两个发病时期，其中成株期发病较为常见，病斑集中在叶鞘上，扩展缓慢；心叶期发病时病斑集中在叶片上，呈暴发态，常造成叶片枯死，产量损失较大。成株期发病，抽雄至乳熟期为显症高峰，病斑主要发生在玉米叶鞘、叶脉上，以叶和叶鞘交界处为最多。病斑初期水渍状，不规则，后期病斑为红褐色至紫褐色，圆形或椭圆形，微隆起，大小不一，严重时病斑可连成不规则大斑，维管束坏死，导致整个叶片枯死。挑开病斑表层，可见褐色粉末状孢子堆，内有病原菌的休眠孢子囊。心叶期发病，6叶期至大喇叭口末期为显症高峰，叶面先出现针尖大小的褪绿黄色小斑点，圆形或椭圆形，逐渐变为红褐色至紫色，直径1 ~ 2mm，呈中间隆起的实心病斑，内为褐色的休眠孢子囊堆。褐斑病区别于其他叶斑类病害的主要特征为发病的叶片病斑连片并呈现垂直于中脉的病斑区和与健康组织相间分布的黄绿条带。

玉米褐斑病症状特征

4.玉米弯孢霉叶斑病　主要侵染叶片，也可侵染叶鞘和苞叶，病斑初期为水渍状或淡黄色透明小点，之后扩大成圆形至卵形，中央乳白色，边缘淡红褐色或暗褐色，并具有明显褪绿晕圈，严重时，多个斑点沿叶脉纵向汇合，形成大斑，但受叶脉限制。病斑形状和大小因品种抗性分为3类：①抗病型病斑(R)：病斑小，直径1 ~ 2mm，圆形、椭圆形或不规则形，中央苍白色或淡褐色，边缘无褐色环带或环带很细，最外围具狭细的半透明晕圈。②中间型病斑（M）：病斑小，直径1 ~ 2mm，圆形、椭圆形、长条形或不规则形，中央苍白色或淡褐色，边缘有较明显的褐色环带，最外围具有明显的褪绿晕圈。③感病型（S）：病斑大，长2 ~ 5mm，宽1 ~ 2mm，圆形、椭圆形、长条形或不规则形，中央苍白色或黄褐色，有较宽的褐色环带，最外围具有较宽的半透明黄色晕圈，有时多个斑点可沿叶脉纵向汇合而形成大斑，最大可达10mm，甚至整叶片枯死。潮湿条件下，病斑的正反两面均可见灰黑色霉状物，即病原菌的分生孢子梗和分生孢子。

玉米弯孢霉叶斑病症状特征

三、发生规律

1.玉米大斑病　病原菌以休眠菌丝体或分生孢子在病残体内越冬，成为翌年发病的初侵染源。玉米生长季节，越冬菌源产生孢子，随雨水飞溅或气流传播到玉米叶片上，遇适宜温度、湿度条件萌发侵染，经10 ~ 14d便可产生大量分生孢子。以后，分生孢子随风雨传播，重复侵染。大斑病发病适宜温度为

20 ~ 25℃，高于28℃时其发生受到抑制。田间相对湿度90%以上时，有利于病原菌孢子生成、萌发和侵染，若7—8月温度偏低、连续阴雨、日照不足，有利于大斑病发生和流行。玉米连作、秸秆粗放还田等有利于菌源越冬积累，易导致该病早发重发。若玉米与低秆作物合理间套作，可改善田间小气候，通风透光，可减轻病害的发生。

2.玉米小斑病　病原菌主要通过气流传播，借助风力，病原菌孢子可以被传播到10km以外。也可通过种子带菌进行远距离传播。现已知有两个生理小种。O小种分布最广，主要侵害叶片；T小种对具有T型细胞质的玉米有专一的侵害能力，可以侵入花丝、籽粒、穗轴等，使果穗变成灰黑色，造成严重减产。病原菌以菌丝和分生孢子在病株残体上越冬，第二年产生分生孢子，成为初侵染源。病原菌孢子通过风和雨水飞溅到叶片，当叶片表面能够形成水膜、田间温度在15 ~ 27℃时，病原菌在6h内就可萌发并侵入玉米叶片，如果田间温度和湿度适宜，3d就能够完成一个侵染循环。感病品种大面积种植是小斑病流行的重要因素，种植抗性品种能够明显减缓病害流行，减少产量损失。目前，夏玉米多密植，郁闭，通风透光差，雨季高温高湿，光照不足，有利于病原菌的侵染流行。另外，播期越迟，发病越重。

3.玉米褐斑病　病原菌以休眠孢子（囊）在土地或病残体中越冬，第二年病原菌靠气流、风雨传播到玉米植株上，遇到合适条件萌发产生大量的游动孢子，游动孢子在叶片表面的水滴中游动，并形成侵染丝，侵害玉米的幼嫩组织。游动孢子的侵染一般发生在白天，其保持侵染能力的时间很短，释放出来后数小时即失去侵染能力。田间温度为23 ~ 30℃、相对湿度85%以上时，病害扩展迅速，发病严重。山东7—8月若温度高、湿度大，阴雨日较多，有利于发病。在土壤瘠薄的地块，叶色发黄，病害发生严重，在土壤肥力较高的地块，玉米健壮，叶色深绿，病害较轻甚至不发病。一般玉米8 ~ 10片叶时易发病，玉米12片叶以后一般鲜少发病。另外，据调查双亲中含有塘四平头种质成分的玉米品种易感病，如沈单16、陕单911、豫玉26等。

4.玉米弯孢霉叶斑病　病原菌以菌丝潜伏于病残体组织中越冬，也能以分生孢子状态越冬，遗落于田间的病叶和秸秆是主要的初侵染源。病原菌分生孢子最适萌发温度为30 ~ 32℃，最适湿度为超饱和湿度，相对湿度低于90%则很少萌发或不萌发。品种抗病性随植株生长而递减，苗期抗性较强，13叶期后很易感病，此病属于成株期病害。山东该病发病高峰期为8月中下旬到9月上旬玉米抽雄后。该病喜高温、高湿，降雨多的年份有利于发病，低洼积水田和连作地块发病较重。

四、防治技术

针对病害侵染发生规律，综合运用多种技术措施进行防治。

1.选用抗（耐）品种　目前，夏玉米种植区推广品种中，抗（耐）大斑病、小斑病和弯孢霉叶斑病品种较多，抗褐斑病的很少。山东种植品种中，抗大斑病、小斑病的籽粒玉米品种有金海5号、农星207、华良78、邦玉339、华盛801、京农科736、郑单958、德单5号、鲁单981、农大372等；鲜食玉米品种有山农207、济糯33等；青储玉米品种有禾丰饲玉3号、雅玉青贮8号等。抗弯孢霉叶斑病的鲜食玉米有金海5号、聊玉22、天泰33、济玉901、青农11、登海652、德单5号、登海518、鲁单510、鲁单981、登海W333、桓丰105、鲁星513等；青储玉米有鲁单801、禾丰饲玉3号、济糯33、山农齐民1号等；青储玉米有鲁单268、鲁单510、山农饲玉5号等。抗（耐）褐斑病的品种有邦玉339、京农科736等。

2.农艺措施　有计划轮作倒茬，降低菌源基数；适当调整播种行，或与低矮作物间作，改善田间通风、透光条件，优化田间小气候；加强管理，合理管理肥水，避免旱涝，促壮植株；清洁田间病茬，减少菌源。

3.科学用药　防治玉米大斑病、小斑病及弯孢霉叶斑病，在发病初期，每亩可用32%戊唑·嘧菌酯悬浮剂40mL、45%代森铵水剂100mL、24%井冈霉素水剂40mL、18.7%丙环·嘧菌酯悬乳剂70mL，对水喷雾。防治玉米褐斑病要以预防为主，在玉米4～5叶期，每亩可用40%丁香·戊唑醇悬浮剂40mL、43%氟嘧·戊唑醇悬浮剂、30%肟菌·戊唑醇悬浮剂40mL、240g/L氯氟醚·吡唑酯乳油50mL，对水喷雾。为了提高防治效果可在药液中适当添加天丰素、磷酸二氢钾、尿素类等，促进玉米健壮，提高玉米抗病能力。

五、调查方法

在大喇叭口期、抽雄散粉期、籽粒形成期各调查一次。根据品种、茬口和长势等选择代表性地块10块，每块田采用棋盘式10点取样，每点10株。分别调查玉米大斑病、小斑病、褐斑病、弯孢霉叶斑病的发病株数、叶片数和总株数、叶片数以及病叶严重度分级值，计算病株率和病情指数。

病情严重度分级指标：0级：全株叶片无病斑；1级：病斑面积占叶片总面积的10%以下，或者植株中下部叶片有零星病斑；3级：病斑面积占叶片总面积的>10%～30%，或者植株中下部叶片有少量或者零星病斑；5级：病斑面积占叶片总面积的>30%～50%，或者植株中下部叶片有大量病斑，上部叶片有少量或者零星病斑；7级：病斑面积占叶片总面积的>50%～80%，或者植株中下部叶片部分枯死，上部叶片有部分病斑；9级：病斑面积占叶片总面积的80%以上，或者植株中下部叶片大部分枯死，上部叶片有大量病斑，少数枯死。

病情指数按以下公式计算：

$$病情指数=\frac{\Sigma（各严重度级值\times 各级病叶数）}{调查总叶片数\times 9}\times 100$$

六、防治效果评价方法

在乳熟期进行防治效果调查评价。每种防治处理田调查5块田，每块田采用棋盘式10点取样，每点调查30株，记录病株数，计算病情指数，未防治田块作为对照，计算防病效果。

$$防治效果=\frac{空白对照区病情指数-处理区病情指数}{空白对照区病情指数}\times 100\%$$

花生叶斑病

一、分布与为害

花生叶斑病主要包括花生褐斑病、花生黑斑病和花生网斑病等，病原菌分别为花生尾孢菌（*Cercospora arachidicola* Hori）、暗拟束梗霉［*Phaeoisariopsis personata*（Berk et M. A. Curtis）Arx）］和花生茎点霉（*Phoma arachidicola* Marasas，Pauer et Boerema）。花生叶斑病在山东花生种植区普遍发生，具有分布广泛、为害严重等特点。花生叶斑病在花生生长中后期主要侵染叶片，破坏叶绿素，导致光合作用效能下降，发生重时，未到收获季节大量叶片就开始早衰脱落，常被误认为花生成熟，严重影响干物质积累和荚果成熟，导致花生减产。受害田一般减产10%～20%，严重时达到40%以上，网斑病与其他叶部病害混合发生造成的产量损失可达50%以上，是影响花生高产的重要因素之一。发生严重时也可侵染叶柄、茎秆、托叶和果针。干旱、贫瘠土壤叶斑病发生早、发病重，旱坡地比水田发病重。轮作地发病轻，连作地发病重；重茬年限越长，发病越重。褐斑病、黑斑病、网斑病在田间经常混合发生，不同的田间小气候，叶斑发生的种类不同，为害程度不同。

二、症状特征

1.花生褐斑病　又称早斑病，最早可在花生初花期发生，花生生长中后期达到发病高峰。病斑最初为针头大小的细小褪绿斑点，随症状扩展，形成近圆形或略不规则的黄褐色病斑，直径为1 ~ 10mm，病斑大小受环境、年份以及花生品种抗病性影响。病斑正面呈黄褐色至深褐色，背面黄褐色，周围一般有黄色晕圈。湿度大时，叶片正面病斑上产生灰色霉状物，即病原菌分生孢子梗和分生孢子。发生严重时，病斑连成一片，叶

花生褐斑病症状特征

片枯死或脱落。侵染茎秆时，病斑呈褐色至黑褐色，长椭圆形，表面略凹陷，边缘清晰。

2.花生黑斑病　又称晚斑病，一般在花生结荚期开始发病，主要侵染叶片，引起叶片干枯脱落，严重时叶柄、叶托、茎秆和果针均可受害。病斑近圆形或圆形，一般比褐斑病小，直径1～5mm。病斑呈黑褐色或黑色，病斑在叶片正反两面颜色相

花生黑斑病症状特征

近，周围大多没有黄色晕圈，有些花生品种有明显黄色晕圈，品种间差异大。叶片背面病斑上有黑色小颗粒，紧密排列成同心轮纹状。病原菌侵染茎秆产生褐色病斑，表面略凹陷，严重时茎秆变黑枯死。

3.花生网斑病　主要发生在花生生长中后期，以侵害叶片为主，也可侵染茎、叶柄。病斑可分为污斑型和网纹型，一般下部叶片先发病。污斑型多出现在高温高湿阴雨天气，病斑初为

花生网斑病症状特征

褐色小点，逐渐扩展成近圆形、深褐色病斑，直径7 ~ 10mm，边缘较清晰，周围有褪绿晕圈，病斑可穿透叶片，叶片背面病斑比正面小。网纹型病斑较大，直径约15mm，在叶片正面产生边缘白色、网纹状或星芒状、中间褐色的不规则病斑，边缘不清晰，周围无褪绿晕圈，病斑颜色不均，一般不穿透叶片。污斑型和网纹型病斑可同时发生，严重时造成叶片脱落。侵染茎秆、叶柄初期为褐色斑点，或扩展成中央凹陷的长条形或椭圆形病斑，严重时导致茎叶枯死。

三、发生规律

花生褐斑病病原菌主要以分生孢子和菌丝在土壤中的花生病残体上越冬，其中花生茎秆、叶柄和果柄上的菌丝比叶片上的菌丝更易越冬，翌年气温在20 ~ 24℃、湿度大于90%时，分生孢子释放，进行初侵染。病原菌生长发育温度为10 ~ 37℃，最适温度25 ~ 30℃，分生孢子产生的最适温度为25℃。最适湿度83.7%。温度20 ~ 30℃，持续阴雨、结露天气，有利于分生孢子萌发侵染。在花生生长中后期，多雨潮湿天气发病重，少雨干旱则发病轻。前期发病轻，中后期发病重，幼嫩叶片发病轻，老叶发病重，春花生饱果成熟期（收获前1个月）发病重。土壤贫瘠、肥力低、连作以及花生长势弱等利于褐斑病发生流行。

花生黑斑病病原菌以菌丝或分生孢子座在土壤中的花生病残体上越冬，或以分生孢子在荚果、茎秆上越冬，翌年借风雨传播进行初侵染和再侵染。分生孢子萌发侵染叶片，病斑一般先出现在植株基部老叶上，病斑产生的分生孢子成为再侵染源。黑斑病通常发生晚于褐斑病，一般在花生结荚期开始发病，少数在开花下针期发生，成熟期达到高峰。病原菌在10 ~ 35℃下均可生长，适宜温度为20 ~ 30℃，最适温度28℃，最适pH为6，分生孢子萌发最适温度为25℃，在水滴中孢子萌发率高。

分生孢子侵染叶片最适条件为温度高于20℃，相对湿度高于93%，并持续12h以上。植株生长中后期遇阴雨结露天气有利于病害发生流行。山坡地、肥力低、连作以及长势弱的花生田黑斑病发生重，连作年限越长发病越重。

花生叶斑病大田混合发生症状

花生网斑病病原菌通常以菌丝、分生孢子器、厚垣孢子、分生孢子等在花生病残体上越冬，翌年气温适宜时产生分生孢子，随气流、风雨传播，成为初侵染源。一般在花生开花下针期发病，主要发生在花生生长中后期，8—9月是发病盛期。网斑病发生与花生生育天数、气温、相对湿度呈显著正相关，其中受生育天数影响最大，其次是相对湿度，温度。随花生生育期延长发病加重，温度在15 ~ 30℃之间、相对湿度在85%以上时发病重。每逢雨后5 ~ 10d，病情增长幅度明显提升，出现一次发病高峰。

花生的3种叶斑病有时单独发生，多数情况下混合发生，在秋季多雨年份发生重，黑斑病和网斑病混合发生为害较大。

四、防治技术

1.优选抗病品种　不同花生品种对病害的抗性有显著差异，种植抗病品种是预防叶斑病的重要措施。可选择鲁花11、鲁花14、湛江1号、粤油92、中花12、花育23、山花9号、山花12、山花13、花育33、花育26等对花生叶斑病有一定抗性的品种。

2.农业防治　花生收获后及时清除田间病株残体，适时耕翻土地，深翻土壤30cm，使在土壤中残留的病原菌彻底翻入底层，能够降低初始菌源量。花生与甘薯、玉米、水稻等作物轮作1 ~ 2年，可减少田间菌源积累，减轻病害发生为害。推广花生-玉米间作，可降低玉米和花生多种病害的发生率。适期播种，合理密植，科学灌溉，保持田间通风，排渍防涝，施足基肥，避免偏施氮肥，增施磷、钾肥，适时喷施叶面肥，可以促进花生健壮生长，增强抗病性。

3.药剂防治　应用杀菌剂是当前田间防治叶斑病的重要措施。药剂品种可选择代森锰锌、百菌清、吡唑醚菌酯、烯唑醇、甲基硫菌灵、多菌灵、联苯三唑醇、苯甲·嘧菌酯、唑醚·代森联、苯甲·丙环唑、唑醚·氟环唑、烯肟·戊唑醇、多·锰锌等，或使用多抗霉素、申嗪霉素、乙蒜素等生物药剂与化学药剂交替轮换使用，在发病前或发病初期喷施叶片，防控花生叶斑病。喷药时要注意均匀喷施，每隔10～15d喷1次，依病害严重程度酌情适当增加喷药次数，病害严重地区可喷施2～3次。不同类型的杀菌剂要交替使用或将药剂混合使用，避免长期单一使用相同药剂产生抗药性。

五、调查方法

根据不同区域、不同品种、不同田块选择有代表性的田块，每种类型田设5个调查小区，每小区对角线5点取样，取样点远离小区边缘。自花生开花下针期开始调查，每间隔7d调查一次，直到饱果收获期结束。每点取10株，每株调查主茎全部叶片，记录调查总叶数、病叶数，计算病叶（株）率、严重程度和病情指数。

严重度按照每株发病叶片占全株总叶片数的比例确定级别，分为5级：0级，无病；1级，病斑占叶片面积的1/4以下；2级，病斑占叶片面积的1/4～1/2；3级，病斑占叶片面积的1/2～3/4；4级，病斑占叶片面积的3/4以上。计算时，按各级严重度上限的百分数计算，即0、25%、50%、75%、100%。

$$\text{病叶（株）率}=\frac{\text{病叶（株）数}}{\text{调查叶（株）数}}\times 100\%$$

$$\text{病情指数}=\frac{\Sigma\text{（各级病叶片数}\times\text{相应严重度级值）}}{\text{调查总叶片数}\times\text{严重度最高级别}}\times 100$$

六、防治效果评价方法

于施药前调查发病程度，施药后7d、14d和收获前调查防效，调查时，每小区对角线5点取样，每点调查10株，调查发病株数和发病级别，计算防治效果。

$$防治效果=\frac{空白对照区病情指数-处理区病情指数}{空白对照区病情指数}\times 100\%$$

苹果轮纹病

一、分布与为害

苹果轮纹病又称粗皮病、轮纹烂果病，是由苹果轮纹病菌（*Botryosphaeria dothidea*）侵染所引起的病害，主要为害苹果枝干和果实。该菌寄主广泛，可侵染苹果、梨、山楂、柿、杏、桃、樱桃等多种果树和多种杂草。

苹果轮纹病主要分布于中国、韩国、日本等国家，在我国的苹果、梨产区均有发生。随着金冠、富士等质优但感病品种的推广，苹果轮纹病已成为生产上造成烂果的主要病害，一般果园轮纹烂果病发病率为20%～30%，重者可达50%以上，并且在果实贮藏期可继续发病，为害严重。山东是我国的苹果主产区，轮纹病发生普遍，且近年具有逐年加重的趋势，病害重发果园超过40%，严重影响果品质量和产业发展。

二、症状特征

枝干发病多以皮孔为中心，形成暗褐色、水渍状或小溃疡斑，稍稍隆起呈圆形疣状。后病斑失水凹陷，边缘开裂翘起，呈扁青灰色圆形，直径达1cm左右。因多个病斑密集，造成主干大枝树皮粗糙，故称粗皮病。果实受害初以皮孔为中心出现浅褐色的圆形斑，后变褐扩大，呈深浅相间的同心轮纹状病斑，其外缘有明显的淡色水渍圈，界限不清晰。病斑扩展可引起果实腐烂。烂果有酸腐气味，有时渗出褐色黏性汁液。

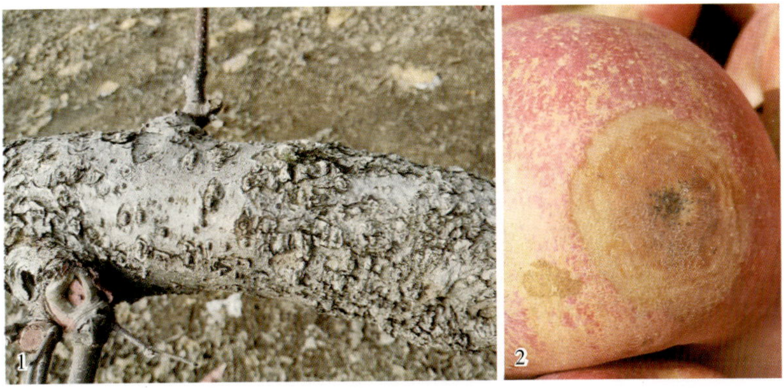

苹果轮纹病症状特点
1.枝干症状　2.果实症状

三、发生规律

苹果轮纹病在不同苹果品种间抗病性差异显著，凡皮孔密度大、细胞组织疏松的品种如金冠、富士、元帅、新乔纳金发病重；而国光、华冠、印度、新红星等品种发病轻。

病原菌以菌丝体、分生孢子器在病组织内越冬，是初次侵染和连续侵染的主要菌源。病原菌于春季开始活动，随风雨传播到枝条上。在果实生长初期，因为有各种保护机制，病原菌无法侵染。在果实膨大期之后，病原菌均能侵入，其中7月中旬到8月上旬侵染最多。侵染枝条的病原菌一般从5月开始从皮孔侵染，并逐步以皮孔为中心形成新病斑，翌年病斑继续扩大，形成病瘤，多个病瘤连成一片则变为粗皮。树冠外围果及光照好的山坡地果园发病早；树冠内膛果及光照不好的果园发病相对较晚。气温高于20℃、相对湿度高于75%或连续降雨、降水量达10mm以上时，有利于病原菌繁殖和田间孢子大量散布及侵入，病害严重发生。山间窝风、空气湿度大、夜间易结露的果园比坡地向阳、通风透光好的果园发病多。新建果园在病重老果园的下风向，离得越近，发病越多。果园管理差、树势衰弱、重黏壤土和红黏土、偏酸性土壤上的植株易发病，被害虫严重为害的枝干或果实发病重。

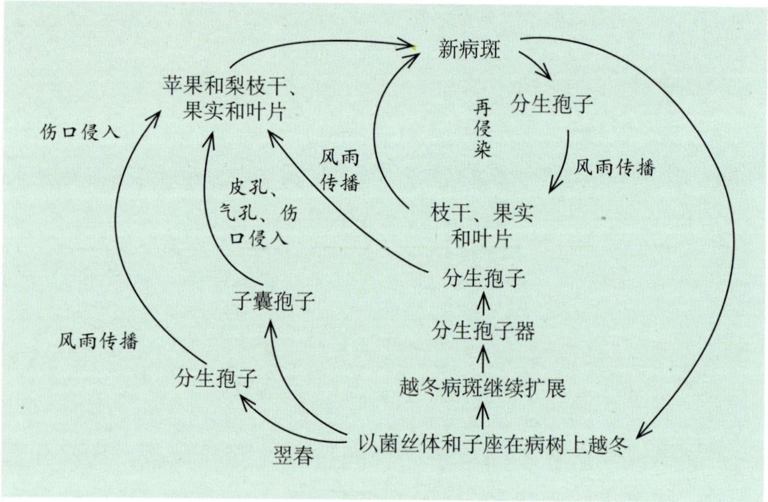

苹果轮纹病病害循环

四、防治技术

采取预防为主、综合防治的策略，从农业、物理、生物、化学等多方面开展防治。

1.农业防治

（1）清洁田园：在早春刮除枝干上的病瘤及老翘皮，清除果园的残枝落叶，集中销毁或深埋；发病期及时清除病株残体及病果、病叶、病枝等；果实贮藏运输前，要严格剔除病果以及其他有损伤的果实。

（2）合理使用水肥：增施磷、钾肥，合理施用氮肥，培育壮苗，以提高植株自身的抗病力。适量灌水，阴雨天或下午不浇水。做好通风降湿，保护地减少或避免叶面结露。

2. 生物防治　利用AT9706颉颃菌、中生菌素751等进行防治。

3. 化学防治　可使用2 ~ 3波美度石硫合剂或75%五氯酚钠100 ~ 200倍液。3月中下旬到4月初进行喷施。落花后喷施50%多菌灵可湿性粉剂600 ~ 800倍液，或30%碱式硫酸铜悬浮剂300倍液，1个月喷2次，防止幼果期染病。进入8月可用70%甲基硫菌灵粉剂1份加豆油或其他植物油15份涂抹树干，适当加入1%腐殖酸钠，促进健皮生长。

五、调查方法

实地调查、专题调研、定点调查及随机抽样调查等多种方法相结合，采用5点取样法定株定点调查发病情况，调查并记录枝干、叶片、果实的发病情况。

1. 枝干病瘤调查

（1）调查时间：3月下旬。

（2）调查方法：选有代表性的果园35个，双对角线5点取样，每点选5株，每株按东、南、西、北方向选三至六年生枝条，从上往下标记50cm长的枝条，测量表面积，调查轮纹病瘤数量并分级记载。

2. 田间果实发病情况调查

（1）调查时间：在果实收获前10d进行一次性调查。

（2）调查方法：选取上年发生重的果园2 ~ 3个，每个果园采用双对角线5点取样，每点选取1株树，每园共选5株树，每株按东、西、南、北中5个方位随机调查100个果实，并分级。

六、防治效果评价方法

1.实验室测定 28℃下，在PDA平板上培养苹果轮纹病菌4d，用直径为6mm的打孔器打成菌饼后接种于含药平板上，置于28℃恒温培养箱内培养3d，用十字交叉法测量菌落直径，计算抑制率。

$$抑制率=\frac{(对照菌落直径-0.6)-(处理菌落直径-0.6)}{对照菌落直径-0.6}\times 100\%$$

2.田间测定 处理组按照化学防治方法进行喷药处理，对照组喷施清水。于采收期调查一次药效。

$$防治效果=\frac{对照组病果数-处理组病果数}{对照组病果数}\times 100\%$$

茄果类蔬菜病毒病

一、分布与为害

茄果类蔬菜病毒病是主要由烟草花叶病毒（*Tobacco mosaic virus*，TMV）、番茄黄化曲叶病毒（*Tomato yellow leaf curl virus*，TYLCV）、黄瓜花叶病毒（*Cucumber mosaic virus*，CMV）和番茄褪绿病毒（*Tomato chiorosis virus*，ToCV）等病原病毒引起的一种常见病害，严重影响茄果类蔬菜的产量和品质。

病毒病是茄果类蔬菜上常见的病害，严重时可导致绝收。辣椒和番茄上发生的病毒病较为普遍，在我国报道的辣椒和番茄病毒均在30种以上，其中烟草花叶病毒和黄瓜花叶病毒在全国范围内分布广泛且发生严重，黄瓜花叶病毒与其他病毒的复合侵染较为普遍。

二、症状特征

不同蔬菜感染病毒病有多种不同的症状表现，常见的有：①花叶型。植株顶部叶片呈现黄绿混杂、颜色不均的斑驳，叶面卷曲皱缩，发病植株略矮小。②蕨叶型。顶部叶片不易展开，表现为螺旋状和筒状，植株矮化，果实畸形，果肉呈浅褐色。③条斑型。叶片上病斑呈深褐色斑块，叶背面叶脉枯褐色，果实表面凹凸不平。④黄化型。上部叶片黄化，叶片边缘上卷，严重时叶片变形焦枯，植株矮化。

茄果类蔬菜病毒病症状特点

1.番茄病毒病（黄化型） 2.番茄病毒病（条斑型）
3.辣椒病毒病（花叶型） 4.番茄病毒病（蕨叶型）

三、发生规律

茄果类蔬菜病毒病的发生与环境条件息息相关，病毒的传播途径主要有昆虫传播、种子带毒、机械传播等。烟草花叶病毒（TMV）在土壤、病残体、种子中越冬，主要是通过田间农事操作由汁液接触传播。黄瓜花叶病毒（CMV）主要在多年生杂草及保护地蔬菜上越冬，第二年由蚜虫传播，遇到高温干旱天气，有利于蚜虫繁殖和传毒。在自然条件下，烟粉虱是番茄黄化曲叶病毒（TYLCV）的主要传播媒介，番茄黄化曲叶病毒病全年均可发病，气温低时发病概率较小，气温高时，发病概率高，并且传播蔓延较快。番茄褪绿病毒（ToCV）主要通过种苗初侵染和烟粉虱传播，烟粉虱可同时携带番茄黄化曲叶病毒和番茄褪绿病毒。8—9月蚜虫、烟粉虱发生严重，露地作物病毒病较多。

四、防治技术

1.选用抗病品种　可结合产地环境条件、不同生产方式和市场需求种植抗病毒品种。例如番茄可选用粉皇后、浙粉702、金棚11等品种；辣椒可选用中椒6号、中椒7号等抗耐品种；黄瓜可选用中农106、中农8号等品种。

2.种子消毒　播种前用55℃温开水浸种15～30分钟，也可用10%磷酸三钠溶液浸种15～30分钟，用清水洗净药液后催芽、播种。

3.加强田间管理　及时清除田间杂草和感病植株，农事操作时最后处理感病植株，注意工具消毒，避免对植株造成微伤口，减少人为传播。

4.防治传毒虫媒　棚室设置60～80目防虫网阻隔害虫，棚内悬挂黄板、蓝板诱捕并监测害虫发生动态；蚜虫、烟粉虱等害虫发生初期可释放天敌昆虫防治，蚜虫可释放蚜茧蜂防控，烟粉虱可释放丽蚜小蜂防控，害虫发生严重可使用螺虫乙酯和氟吡呋喃酮协同防治。

5.使用植物免疫诱抗剂　喷施氨基寡糖素，增加植株抗性，预防病毒病。

五、调查方法

采用5点取样法，各样点随机选取固定作物10株，按照病害严重度分级标准，调查并记录各严重度的病株数，计算病情指数。

严重度分级标准：0级：无症状；1级：顶部叶片轻度黄化，叶边缘轻度卷曲，花期花轻度脱落；2级：顶部叶片中度黄化，叶边缘中度卷曲褶皱，花期花轻度脱落，结果期轻度减产；3级：叶片严重黄化、卷曲、褶皱，花期花中度脱落，结果期中度减产；4级：叶片大面积严重畸形缩小，植株生长缓慢，明显矮化，花期花严度脱落，结果期严重减产或绝产。

病情指数按以下公式计算：

$$\text{病情指数}=\frac{\sum(\text{各级病株数}\times\text{相应严重度级值})}{\text{调查总株数}\times\text{最高严重度级值}}\times 100$$

六、防治效果评价方法

防治效果按以下公式计算：

$$\text{防治效果}=\frac{\text{空白对照区病情指数}-\text{处理区病情指数}}{\text{空白对照区病情指数}}\times 100\%$$

节节麦

一、分布与为害

节节麦（*Aegilops tauschii*）别称粗山羊草，属禾本科小麦族山羊草属。节节麦对环境适应性强，对土壤、水分等生存环境要求低，多生于荒芜草地或麦田中，近年来发生数量增多，部分麦田受害较重，目前山东省全境均有分布。节节麦繁殖分蘖能力强、适生范围广、环境适应性强，与小麦争光、争肥、争水、争空间，使小麦产量降低，品质下降。节节麦还是一些小麦病虫害如小麦条锈病的中间寄主。从目前发展态势看，节节麦的分布区域和田间为害呈明显上升趋势，严重影响了冬小麦的生长。节节麦作为小麦的野生近源植物，其遗传背景和生活习性与小麦相近，可用于防除节节麦的选择性除草剂品种很少，目前砜吡草唑等土壤处理除草剂对其具有一定的防除效果，可用于苗后茎叶处理的除草剂仅有甲基二磺隆，但近几年部分区域已发现该药剂防控效果下降，产生了一定程度的抗药性。

二、形态特征

越年生或一年生杂草，秆丛生，基部弯曲，斜上或近直立，秆高20～40cm。叶鞘紧密包茎，平滑无毛而边缘具纤毛；叶舌薄膜质，长0.5～1mm；叶片微粗糙，腹面疏生柔毛。穗状花序圆柱形，含小穗（5）7～10（13）个。小穗圆柱形，长约

9mm，含3～4（5）花；颖革质，长4～6mm，通常具7～9脉或可达10脉以上，顶端截平或有一、二微齿，外稃披针形，先端略截平，顶具长0.5～1cm的芒，穗顶部者芒长达4cm，具5脉，脉仅于顶端显著，第一外稃长约7mm；内稃约与外稃等长，脊上具纤毛。颖果暗黄褐色，表面乌暗无光泽，椭圆至长椭圆形，先端具密毛，近两侧缘各有1条细纵沟，背面圆形隆起，腹面较平或凹入，中央有1条细纵沟，颖果背腹压扁，内外稃紧则黏着不易分离。花果期5—6月。种子繁殖。

节节麦与小麦同科不同属，外部形态无论苗期、成株期还是种子与小麦极为相似，特别是生长前期难以辨认。节节麦与小麦在生长前期的区别是其根茎处为紫红色，叶片疏生柔毛，叶鞘边缘具纤毛；而小麦根茎为白色，叶片无柔毛。节节麦成株期茎秆较细弱，比一般小麦叶鞘紧抱茎，抽穗后比正常小麦高，穗为圆柱形。

三、发生规律

冬小麦田节节麦出苗有2个主要时期：一是秋季出苗期，于10月上中旬至11月初，形成冬前出苗高峰，11月中旬左右进入冬前分蘖期；二是翌年2月下旬至3月，仍有少部分出苗。节节麦在冬小麦田主要以幼苗越冬，也可以种子、分蘖和单株幼苗越冬。秋季出苗的节节麦冬前一般产生分蘖3～4个，多者10个以上。节节麦生长旺盛，分蘖能力强，一般每株10～20个分蘖，最多可达每株36个分蘖。主茎和分蘖都能抽穗结籽。种子成熟期较小麦略早，成熟时逐节脱落。

随小麦种子传播是节节麦发生区扩大的主要原因，小麦引种、调种过程中种子管理不当，造成节节麦远距离扩散为害，农户之间相互串种等也是节节麦发生区扩大的主要原因之一。生长过程中种子脱落是主要再侵染源，种子随风或灌溉水进入农田，造成相邻田块及下游麦田遭受为害，节节麦可随施用的未腐熟农家肥再进入农田。另外，农业机械跨区作业携带节节麦种子远距离传播，是导致节节麦暴发的重要因素。

节节麦形态特征

1.幼株　2.成株　3.花序　4.田间为害状

粗放的耕作制度在一定程度上也加重了节节麦的发生。山东主要为小麦玉米轮作制，小麦很少与其他作物轮作。小麦收获后，免耕贴茬种植玉米，节节麦种子大部分撒落于地表。小麦播种前浅旋耕，致使大量落地的节节麦种子分布在土壤的表层，这有利于节节麦出苗。另外，生产上通常只防大田杂草，不防田边、渠边、地头杂草，节节麦成熟后通过风雨、浅灌等流入农田。还有许多农户在后期人工拔除时，把节节麦随意堆积在田边、地头，草籽成熟后继续流入农田。

四、防治技术

防治节节麦应当采用农业防治与化学防治相结合的方法，执行“预防为主，综合防治”的植保方针，采取以农业防治措施为基础，化学防治措施为重要手段，辅以物理、生态等防治措施的综合防治策略。

1.农业防治　加强种子检验检疫，杜绝外来节节麦种子传入；播种前对麦种进行筛选，降低节节麦种子量，减少节节麦发生量。通过清洁田园、合理轮作、施用腐熟土杂粪肥等措施，有效减少伴生杂草；合理密植、科学施肥、争取苗齐苗壮苗匀、形成麦苗的群体生长优势，起到生态抑草、以麦压草的效果。小麦播种前通过翻耕或旋耕整地灭除田间已经出苗的杂草，清洁和过滤灌溉水源，阻止田外杂草种子的输入。每隔2 ~ 3年深翻一次，深度在20 ~ 30cm，有效压低杂草基数。利用作物秸秆，如粉碎的玉米秸秆等覆盖，有效控制杂草的萌发和生长。对于错过防治适期的节节麦，在其籽粒成熟之前采取人工拔除以减轻为害，同时要将拔除的植株全部带出田外进行集中销毁，不能在田边路旁堆积，以防节节麦种子再次传入田间。节节麦发生特别严重的地块可与油菜、大豆、蔬菜等作物实行轮作倒茬，改变杂草群落结构，抑制节节麦的发生和积累。

2.化学防治　冬前小麦田杂草出苗期和幼苗期是最为敏感脆弱的阶段，药剂防治节节麦最佳时间在10月底至11月上旬，节节麦2 ~ 4叶期，每亩用30g/L甲基二磺隆可分散油悬浮剂25 ~ 35mL，对水30L茎叶均匀喷雾。如果错过秋末冬前防治机会，可以在春季作为补防措施。春季施药要严格掌握在小麦拔节前用药，施药时间选择在上午9时至下午4时间、晴天无风时用药，施药时气温要高于10℃，阴雨天、大风天禁止用药，以防药效降低及雾滴飘移产生药害。在强筋麦、优质麦上严禁使用甲基二磺隆及其复配制剂，且不能与2, 4-滴混用，以免出现药害。选用性能良好的喷雾器械，使用扇形喷头，避免因喷雾器械“跑、冒、滴、漏”造成药液浪费和局部药害。根据所用喷雾器械类型合理设置对水量，确保喷雾均匀、不重喷、不漏喷。

五、调查方法

田间调查时，按随机区组划定不同小区，每个小区随机选择3 ~ 5点，每点0.25 ~ 1m^{2}的方块进行调查，记录节节麦的株数或鲜重（最后一次调查时要同时记录株数和鲜重）。

六、防治效果评价方法

设定空白对照区（不采取防除措施）、处理区，按上述调查方法调查节节麦株数或鲜重。播种后出苗前进行土壤处理，第一次调查在空白对照区节节麦2 ~ 4叶期时；第二次调查在第一次调查后2 ~ 4周；第三次调查在小麦越冬前或小麦拔节前。冬季茎叶处理，第一次调查在处理当天（杂草基数调查）；第二次调查在施药后1 ~ 2周；第三次调查在施药后3 ~ 4周；第四次调查在小麦越冬前或小麦拔节前。春季茎叶处理，第一次调查在处理当天（杂草基数调查）；第二次调查在施药后1 ~ 2周；第三次调查在施药后3 ~ 4周；第四次调查在施药后5 ~ 7周。杂草的株数或鲜重防治效果按式（1）计算，茎叶处理时，杂草的株数防治效果也可按式（2）计算。

$$\text{防治效果}=\frac{\text{空白对照区活草株数（或鲜重）}-\text{处理区残存杂草株数（或鲜重）}}{\text{空白对照区活草株数（或鲜重）}}\times 100\% \quad (1)$$

$$\text{防治效果}=\frac{\text{用药前处理区杂草株数}-\text{用药后处理区残存杂草株数}}{\text{用药前处理区杂草株数}}\times 100\% \quad (2)$$

雀　　麦

一、分布与为害

雀麦（*Bromus japonicus* Thunb）是禾本科雀麦属杂草，常见于路边、低洼湿地以及农田，目前山东省全境均有分布。近年来，由于耕作制度和栽培技术的改变、机械跨区作业及单一作用机理除草剂的长期使用等影响，雀麦在山东发生为害日趋严重，已成为山东冬小麦种植区发生为害严重的杂草之一。雀麦生长习性与小麦相近，但其繁殖力强、适应性强、传播速度快，与小麦争夺光照、水分、养分、生存空间，严重影响小麦生长发育，降低其品质并造成减产，在雀麦发生严重的地区，小麦减产超过30%。

二、形态特征

越年生或一年生草本，秆直立，丛生，叶鞘紧密包茎，被白色茸毛，成株高30 ~ 100cm。叶舌透明膜质，先端近圆形，顶端具不规则齿裂，长1.5 ~ 2mm。叶片长5 ~ 30cm，两面生白色柔毛，有时背面脱落无毛。圆锥花序疏展，长20 ~ 30cm，具2 ~ 8分枝，向下弯垂；分枝细，长5 ~ 10cm，上部着生1 ~ 4枚小穗；小穗黄绿色，幼时圆筒状，成熟后压扁，密生7 ~ 14小花，长12 ~ 20mm，宽约5mm。颖披针形，边缘膜质，第一颖长5 ~ 7mm，具3 ~ 5脉，第二颖长5 ~ 7.5mm，具7 ~ 9

脉；外稃椭圆形，边缘膜质，长8～10mm，具7～9脉，顶端具两微小裂齿，芒自先端下部伸出，长5～10mm，基部稍扁平，成熟后外弯；内稃较狭，短于外稃，脊疏生刺毛。颖果背腹压扁，呈线状，暗红褐色，长7～8mm。花果期5—6月。种子繁殖。雀麦幼苗与小麦形态很相似，其主要特征是根茎处为红褐色，叶鞘、叶片上密被白色茸毛，叶片细窄，须根较多，扎根于土表。

雀麦形态特征

1.幼株　2.成株　3.花序　4.叶鞘上的长柔毛

三、发生规律

冬小麦田雀麦出苗有2个主要时期：一是10月中旬至11月上旬的出苗高峰，高峰过后仍继续出苗，但出苗量随着时间的推移而逐渐减少，12月上旬雀麦冬前出苗基本结束。11月中旬左右，雀麦开始分蘖，至12月上旬冬前分蘖基本结束。雀麦3叶期以后才开始分蘖，雀麦的分蘖能力要强于小麦。二是翌年3月下旬至4月上旬，越冬的雀麦与小麦一起开始返青，但早春期并不出苗，直到进入3月有少量出苗。雀麦是一种典型的越冬性杂草，最适萌发温度为25 ～ 30℃，种子的萌发不受光照条件影响，处于土壤表面时，雀麦出苗率最高，随着埋藏深度的增加，出苗率逐渐下降，大于6cm后，雀麦不能出苗。

小麦收获前部分出苗早的雀麦植株成熟，自然落粒，出苗晚的植株成熟期与小麦一致，收获时收割机碰撞使部分种子洒落田间，形成新的侵染来源。小麦收割机跨区作业、沟渠边成熟草籽随风随水扩散及农户人工拔除植株后直接扔进河沟内，草籽随水传播等，都是雀麦远距离传播途径。

四、防治技术

防治雀麦应当采用农业防治与化学防治相结合的方法，执行“预防为主，综合防治”的植保方针，采取以农业防治措施为基础，化学防治措施为重要手段，辅以物理、生态等防治措施的综合防治策略。

1.农业防治　播种前对麦种进行筛选，降低杂草种子量，减少杂草发生量。通过清洁田园、合理轮作、施用腐熟土杂粪肥等措施，有效减少伴生杂草；合理密植、科学施肥、争取苗齐苗壮苗匀、形成麦苗的群体生长优势，起到生态抑草、以麦压草的效果。小麦播种前通过翻耕或旋耕整地灭除田间已经出苗的杂草，清洁和过滤灌溉水源，阻止田外杂草种子的输入。每隔2 ～ 3年深翻一次，深度在20 ～ 30cm，有效压低杂草基数。利用作物秸秆，如粉碎的玉米秸秆等覆盖，有效控制杂草的萌发和生长。对于错过防治适期的雀麦，在其籽粒成熟之前采取人工拔除以减轻为害，同时要将拔除的植株全部带出田外进行集中销毁，不能在田边路旁堆积，以防雀麦种子再次传入田间。雀麦发生特别严重的地块可与油菜、大豆、蔬菜等作物实行轮作倒茬，改变杂草群落结构，抑制雀麦的发生和积累。

2.化学防治　冬前小麦田杂草出苗期和幼苗期是最为敏感脆弱的阶段，药剂防治雀麦最佳时间在10月底至11月上旬，雀麦2～4叶期，每亩用70%氟唑磺隆水分散粒剂3～4g，或7.5%啶磺草胺水分散粒剂9.4～12.5g，或30g/L甲基二磺隆可分散油悬浮剂25～35mL，对水30L茎叶均匀喷雾。异丙隆对低龄期雀麦也有较好防效，对大龄雀麦防效差，将异丙隆与上述药剂混用，能提高对雀麦等杂草的防效。对错过秋末冬前防治机会或防除效果差、残草较多的麦田，可以在春季施药作为补防措施。春季施药要严格掌握在小麦拔节前用药，施药时间选择在上午9时至下午4时、晴天无风且最低气温不低于4℃时用药，施药时气温要高于10℃，阴雨天、大风天禁止用药，以防药效降低及雾滴飘移产生药害。在强筋麦、优质麦上严禁使用甲基二磺隆及其复配制剂，且不能与2,4-滴、唑草酮混用，以免出现药害。选用性能良好的喷雾器械，使用扇形喷头，避免因喷雾器械“跑、冒、滴、漏”造成药液浪费和局部药害。根据所用喷雾器械类型合理设置对水量，确保喷雾均匀、不重喷、不漏喷。

五、调查方法

田间调查时，按随机区组划定不同小区，每个小区随机选择3～5点，每点0.25～1m^2的方块进行调查，记录雀麦的株数或鲜重（最后一次调查时要同时记录株数和鲜重）。

六、防治效果评价方法

设定空白对照区（不采取防除措施）、处理区，按上述调查方法调查雀麦株数或鲜重。播种后出苗前进行土壤处理，第一次调查在空白对照区雀麦2～4叶期时；第二次调查在第一次调查后2～4周；第三次调查在小麦越冬前或小麦拔节前。冬季茎叶处理，第一次调查在处理当天（杂草基数调查）；第二次调查在施药后1～2周；第三次调查在施药后3～4周；第四次调查在小麦越冬前或小麦拔节前。春季茎叶处理，第一次调查在处理当天（杂草基数调查）；第二次调查在施药后1～2周；第三次调查在施药后3～4周；第四次调查在施药后5～7周。杂草的株数或鲜重防治效果按式（1）计算，茎叶处理时杂草的株数防治效果也可按式（2）计算。

$$防治效果=\frac{空白对照区活草株数（或鲜重）-处理区残存杂草株数（或鲜重）}{空白对照区活草株数（或鲜重）}\times 100\% \quad (1)$$

$$防治效果=\frac{用药前处理区杂草株数-用药后处理区残存杂草株数}{用药前处理区杂草株数}\times 100\% \quad (2)$$

图书在版编目（CIP）数据

山东二类农作物病虫害监测防控技术手册 / 山东省农业技术推广中心编. -- 北京 : 中国农业出版社, 2024. 10. -- ISBN 978-7-109-32390-2

Ⅰ. S435-62

中国国家版本馆CIP数据核字第2024LZ2644号

中国农业出版社出版

地址：北京市朝阳区麦子店街18号楼

邮编：100125

责任编辑：阎莎莎

版式设计：杨　婧　　责任校对：吴丽婷　　责任印制：王　宏

印刷：中农印务有限公司

版次：2024年10月第1版

印次：2024年10月北京第1次印刷

发行：新华书店北京发行所

开本：880mm × 1230mm　1/32

印张：3.5

字数：90千字

定价：49.00元